高等学校卓越工程师教育培养计划系列实验教材

发酵工艺学实验

杨慧林　主编

U0386859

科学出版社

北京

内 容 简 介

本教材内容涵盖发酵工艺学实验基础、发酵菌种选育及保藏工艺、发酵生化参数测定、发酵产品实验、发酵工艺的控制及优化等方面。各实验章节内容分基础实验及综合性实验两类展开。期望读者通过本教材,在较好掌握基础发酵实验技能的同时,也能够对探究性实验及前沿科学进行了解及掌握。

本教材可作为发酵工程、生物工程、食品科学、生物技术等专业本(专)科生的实验指导书,也可作为硕士研究生及本领域技术人员实验的参考书。

图书在版编目 (CIP) 数据

发酵工艺学实验/杨慧林主编 . – 北京:科学出版社,2018.11

(高等学校卓越工程师教育培养计划系列实验教材)

ISBN 978-7-03-059152-4

Ⅰ. ①发… Ⅱ. ①杨… Ⅲ. ①发酵—生产工艺—实验—高等学校—教材
Ⅳ. ① TQ920.6-33

中国版本图书馆 CIP 数据核字 (2018) 第 240981 号

责任编辑:张静秋　马程迪/责任校对:严　娜
责任印制:赵　博/封面设计:铭轩堂

科 学 出 版 社 出版

北京东黄城根北街16号
邮政编码:100717
http://www.sciencep.com

北京富资园科技发展有限公司印刷
科学出版社发行　各地新华书店经销
*
2018 年 11 月第 一 版　开本:720×1000　1/16
2024 年 9 月第四次印刷　印张:10 1/4
字数:210 000
定价:**39.00 元**
(如有印装质量问题,我社负责调换)

《发酵工艺学实验》编写委员会

前　言

　　"发酵工程"是基于微生物基础知识、应用于生产实际的课程之一,是研究利用微生物大量生产各种有用物质的一门现代工业学科。与此同时,该学科也是一个由多学科交叉、融合而形成的技术性和应用性较强的开放性学科,自诞生以来就在生物技术产业化过程中扮演着关键角色。为了配合发酵工程模块的教学,当前全国很多生物类专业都开设了"发酵工艺学实验"课程,该实验课程通常是生物工程专业重要的必修课,也常作为生物科学、生物技术等专业的选修课。因发酵工程学科实践性很强,仅进行课堂理论的教学远远不够,还需要学生锻炼动手能力与创新能力,而这些能力往往需要实验教学环境才能得以培养,学生自身专业素质需通过理论与实践的结合才能够在一定程度上得以提升。

　　自江西师范大学开设"发酵工艺学实验"课程以来,由于各种原因,现行的发酵工艺学实验教材还无法满足教学要求,一些已出版的发酵工程实验指导教材在实验设计、培养目标上与实际的教学实践存在较大差异,在许多普通高校都存在适用性不强的现象。因此,编写一本适用性强、重基础、覆盖较全面的实验简明教程就显得很有必要。本教材正是从这几方面入手,内容囊括发酵工程上游、中游和下游实验技术,并结合教学实际及科技发展,增加高通量筛选、响应面设计等内容。与现有教材相比,本教材重点突出简明性与实用性,切合江西师范大学实际,考虑到生物专业本(专)科阶段仍以通识性教育为主,故本教材选取的实验大部分为基础实验,并结合了部分专业性较强的综合实验、交叉学科实验,大大方便了实验教学的展开,同时也方便学生课外自学。本教材在编写的过程中主要注意了以下几点。

　　(1)按发酵工程实验基础知识、发酵上游、生化参数分析、发酵中下游等顺序对全书主要内容进行编排。内容涵盖发酵工艺学实验基础、发酵菌种筛选及保藏工艺、发酵生化参数测定、发酵产品实验、发酵工艺的控制及优化等方面。全书遵循内容由浅入深及让学生能够以夯实基础为主、适当提高为辅的原则,使不同学习能力读者的相关实验技能在学习后得到较大的基础性提升。

　　(2)教材内容与教学实践紧密结合。当前许多普通高校的实验教学条件或多或少都存在一些短板,针对这个问题,本教材大部分基础实验方法、实验内容对实验条件要求较低,大部分实验在普通高校均可开展,由此避免了形式主义与教材缺乏指导意义的现象。

（3）实验内容结合编者近年来在发酵工程及相关交叉学科领域的代表性课题进行编写，从而真正实现科研为教学服务、教学巩固科研成果的目的。从某个角度来看，也有利于培养学生的科研兴趣，吸引学生进入实验室参与科研工作。因本教材实验设计的原则具有较强的通用性，其余各单位如使用本教材，可根据教师现有（过去）课题对实验进行调整，以便于实验教学工作的开展。

本教材的主要分工如下：第一章由杨慧林编写；第二章由王筱兰编写；第三章由赵文鹏编写；第四章由杨慧林与涂宗财共同编写；第五章由杨慧林与赵文鹏共同编写；附录的编写、初稿的校对由颜日明及其余参编人员完成；杨慧林完成全文统稿。

本教材获得"江西省普通本科高校卓越工程师教育培养计划"资助。本教材在编写过程中，得到了许多专家、学者的指导与支持，提出了许多建设性意见，同时编写过程中参考了前人的一些资料，未能一一注明引用，在此一并表示感谢！

尽管编者力求注重本教材的系统性、实践性与简明性，但由于发酵工程是一门全方面发展的交叉学科，限于编者的水平，加上时间仓促，书中仍存在许多疏漏之处，敬请广大读者不吝赐教，使本教材更完善、更有利于教学。

编　者

2018 年 3 月

目 录

第一章 导 言

第一节 发酵工艺学实验守则与安全制度

（一）发酵工艺学实验守则

（1）自觉遵守课堂纪律，不迟到，不早退；完成实验后将实验记录本（表）交给指导教师签字后，方可离开。

（2）实验室保持肃静，不许喧哗、打闹，营造整洁、安静、有序的实验环境。

（3）实验台面保持整洁，书包等物品不可放在实验台上，按规定的位置放置。药品摆放整齐、有序，公用试剂用毕应立即盖严，物归原处，勿将试剂、药品洒在实验台面和地上。取出的试剂和标准溶液，如未用尽，切勿倒回瓶内，以免带入杂质。吸头、滴管专用专放，要保证一种溶液换一支新的，防止交叉污染。使用微量移液器时，必须熟读"使用方法"，玻璃器皿轻拿轻放。

（4）课前认真预习，切忌盲目，做好准备，提高效率。实验过程中要听从指导教师的安排，严肃认真地按操作规程进行实验，并把实验结果和数据及时、如实记录在实验记录本（表）上，文字要简练、准确。

（5）注意节约药品、试剂、各种耗材和水电。洗涤和使用玻璃等耗材时，应小心仔细，防止损坏。如意外损坏时，应如实向指导教师报告，并填写损坏登记表，然后补领。

（6）爱护器材、设备，面对未知仪器，须在教师的指导下使用；使用仪器，特别是贵重精密仪器时，应严格遵守操作规程，发现故障或损坏须立即报告指导教师，不得擅自检修。凡非正常使用造成的实验设备损坏按有关规定赔偿。

（7）鼓励学生对实验内容和安排提出改进，对实验现象进行讨论；倡导在教学计划外做探索性、研究性实验，但需事先提出申请，经批准同意后方可进行。

（8）实验用品一律不得擅自带出实验室。实验完毕，应将使用过的仪器洗净，并整齐地放回实验柜内。实验废弃物（如滤纸、一次性手套等），毒害性实验材料应倾倒在指定地点，统一处理，不得随意乱丢。清理好实验台，关好电闸、水龙头和煤气开关，经指导教师检查合格后才能离开实验室。

（9）每次实验结束后由学生轮流值勤，负责打扫和整理实验室，并检查水龙头、煤气开关、门、窗是否关紧，电闸是否拉掉，以保持实验室的整洁和安全。

（二）发酵工艺学实验安全制度

1. 安全用电

（1）注意仪器的电压和电流要符合仪器的负载要求。

（2）严格按照电器使用规程操作，不能随意拆卸和玩弄电器。

（3）严防触电。绝不可用湿手触碰已开电闸和电器开关，检查电器设备是否漏电时，应使用试电笔；凡是漏电仪器一律不能使用。

2. 防止火灾

（1）实验室起火的原因有电流短路，不安全地使用电炉、煤气灯和易燃易爆药物等。为防患于未然，实验室必须配备一定数量的消防器材，并按消防规定保管使用。最重要的是每个实验者都应有实验室安全观念，时刻保持警惕。

（2）实验室内严禁吸烟。

（3）使用煤气灯时应先将火种点燃，一手执火种靠近灯口，一手慢慢打开煤气灯，火焰大小和火力强弱应根据实验的需要来调节。煤气灯应随用随关，严防煤气泄漏；用火时应做到火着人在，人走火灭。

（4）乙醇、丙酮、乙醚等易燃品不能直接加热，并要远离火源操作和放置。

（5）实验室内严禁贮存大量的易燃物（如乙醚、丙酮、乙醇、苯等）。应在远离火源处或将火焰熄灭后，才可大量倾倒这些液体。低沸点的有机溶剂不可在火焰上直接加热，只能利用带回流冷凝管的装置在水浴上加热或蒸馏。

（6）离开实验室前应认真、负责地进行安全检查，关好煤气开关和水龙头，拉下电闸。

3. 严防中毒

（1）化学试剂有相对无毒、中度毒性和剧毒之分，在处理剧毒药物时要特别谨慎、小心。国际上常用某些标志表示不同毒性的实验化学药品。对生物危险品或放射性物质进行存放或操作的实验室也要有指定的标志。理化实验中会用到溴化乙锭、三氯甲烷（氯仿）、酚、丙烯酰胺等致癌、有毒和有害物质。

（2）使用毒性物质或致癌物时必须根据试剂瓶上的标签说明严格操作，安全称量、转移和保管。操作戴手套，必要时戴口罩，并在通风橱中进行。沾过毒性物质或致癌物的容器应单独清洗和处理。

（3）水银温度计、气量计等汞金属设备破损时必须立即采取措施回收汞，并在污染处撒上一层硫黄粉以防汞蒸气中毒。

（4）所有实验用废弃物如琼脂糖凝胶、滤纸、玻璃碎片等，都要收集在废物桶里，不能倒在水槽内或到处乱扔。

4. 避免烧伤和创伤

（1）使用玻璃、金属器材时注意防止割伤及机械创伤。

（2）浓酸、浓碱腐蚀性很强，必须极为小心地操作，用吸量管量取这些试剂（包括有毒物）时，必须使用橡皮球，绝对不能用口吸取。

5. 预防生物危害

（1）生物材料如微生物、动物的组织、细胞培养液、血液和分泌物都可能存在细菌和病毒感染的潜在危险，如通过血液感染的血清性肝炎就属于严重的生物危害传染性疾病，主要传递途径除血液外，还包括通过其他体液传递。因此，处理各种生物材料必须谨慎、小心。在操作潜在致病性病原微生物时应该佩戴双层手套，做完实验必须立刻用肥皂、洗涤剂或消毒液充分洗净双手。

（2）使用微生物作为实验材料时，尤其要注意安全和清洁卫生。被污染的物品必须进行高压消毒或烧成灰烬。被污染的玻璃用具应在清洗和高压灭菌之前立即浸泡在适当的消毒液中。

（3）操作时应根据实验环境中生物因子的危害程度，采取不同级别的防护措施［生物安全防护水平（BSL）分为 4 级，Ⅰ级防护水平最低，Ⅳ级防护水平最高］，如张贴警示标志及配备保护性实验服、各级别生物安全柜、过滤器、消毒系统、气流循环系统，并设立单独隔离区等。

（三）实验事故处理

实验过程中不慎发生受伤事故，应立即采取适当的急救措施。

（1）受玻璃割伤及其他机械损伤，首先必须检查伤口内有无玻璃或金属等物碎片，然后用硼酸水洗净，再擦碘酒或紫药水，必要时用纱布包扎。若伤口较大或过深而大量出血，应迅速在伤口上部和下部扎紧血管止血，并立即到医院诊治。

（2）对于烫伤，一般先用乙醇溶液（90%～95%）消毒，然后涂上烫伤膏。如果伤处红痛、微肿且无水泡（一级灼伤），可用橄榄油或用棉花蘸乙醇溶液敷盖伤处；若皮肤起泡（二级灼伤），不要弄破水泡以免感染；烫伤处皮肤呈棕色或黑色（三级灼伤）时，应用干燥、无菌的消毒纱布轻轻包扎好，急送医院治疗。

（3）强碱（如氢氧化钠、氢氧化钾）、钠、钾等触及皮肤而引起灼伤时，要先用大量自来水冲洗，再用 2% 或 5% 乙酸溶液洗涤。

（4）强酸、溴等触及皮肤而致灼伤时，应立即用大量自来水冲洗，再以 5% 碳酸氢钠溶液或 5% 氢氧化铵溶液洗涤。

（5）如酚触及皮肤引起灼伤，应该用大量自来水清洗，并用肥皂和水洗涤，忌用乙醇。

（6）当煤气中毒时，应到室外呼吸新鲜空气，若严重时应立即到医院诊治。

（7）微生物实验中，若感染性液体（致病菌液或培养物）外溢到皮肤应立即停止工作，脱掉手套，随后用 75% 乙醇溶液进行皮肤消毒，再用大量自来水冲洗。而当

图 1-1　便携式洗眼盒

感染性液体溅入眼睛后，也应立即停止工作，脱掉手套，迅速到缓冲区用便携式洗眼盒（图 1-1）冲洗，而后用生理盐水冲洗（注意动作要轻柔，勿损伤眼睛）。

发酵工艺学实验室应备有急救药品，如生理盐水、医用酒精、红药水、1%～2%的乙酸或硼酸溶液、1%碳酸氢钠溶液、2%硫代硫酸钠溶液、甘油、止血粉、凡士林等，还应备有镊子、剪刀、纱布、药棉、绷带等急救用具。

实验过程中一旦发生火灾，应沉着、冷静，不要惊慌失措；应立即切断电源，熄灭附近所有火源，迅速移开着火现场周围的易燃物。特别是有机溶剂着火时，一般不能用水扑灭，否则会使火焰蔓延；小火可用湿布或石棉布盖熄，若火势较大时应根据具体情况采用相应的灭火器材。

第二节　发酵工艺学实验设计的基本方法

发酵工艺学是利用微生物的生长代谢活动来生产商业产品的一门学科，而在研究微生物生长和代谢的试验中，由于微生物受环境条件的直接和巨大影响，以及代谢活动的多样性和调节控制的复杂性，经常需要通过大量实验来探索一个生化过程的规律，进而确定最佳工艺配方或最佳试验条件，使得微生物的生产潜力得到最大限度的发挥。如何安排实验，使实验次数尽量少又能达到预期理想的效果，是科学实验环节经常碰到的问题。"实验设计"则是一种专门解决该问题的方法，其通过运用数理统计的理论和方法经济、合理地安排实验方案和分析实验结果，进而减少实验次数、缩短实验周期、降低实验成本，事半功倍地迅速得到最佳的结果。

（一）实验设计（方案）的内容

虽然本（专）科阶段的发酵工艺学实验教学仍以验证性实验为主，与科学实验的级别、种类等存在一定的差异，但基本要求是一致的。进行任何一项科学实验，在实验前必须制订一个科学、全面的实验计划，使得该项研究工作得以顺利开展，实验任务能够按时完成。科学的实验计划的内容一般应包括以下几方面。

1. 实验名称与目的

实验课题的选择是整个研究工作的第一步，一个合理的选题往往意味着研究工作具有一个良好的开端。总的来看，实验课题通常来自两个渠道：一是国家或企业指定的实验课题，这些实验课题不仅确定了科研选题的方向，也为研究人员最终的目标和题目的确定提供了重要参考；二是研究人员自己选定的实验课题，研究人员自选课题时，应明确研究目的是什么，要解决什么问题，以及在科研和生产中的作用效果如何等。

2. 研究依据、内容及预期成果

确定研究对象后，可通过查阅国内外有关文献资料，阐明项目的研究意义和应用前景，国内外在该领域的研究概况、水平和发展趋势，理论依据、特色与创新之处。还应详细说明项目的具体研究内容和需重点解决的问题，以及取得成果后的应用推广计划，预期达到的经济技术指标及预期的技术水平等。

3. 实验方案和实验设计方法

实验方案是全部实验工作的核心部分，主要包括研究的因素、水平的确定等，具体内容详述于后。方案确定后，再结合实验条件选择合适的实验设计方法。

4. 实验记录的项目与要求

为了收集分析结果所需要的各个方面的资料，应事先以表格的形式列出需观测的指标，并明确实验操作中的各项具体要求。

5. 实验结果分析及效益评估

实验结束后，对各阶段所取得的资料要进行整理与分析，所以应明确采用统计分析的方法，如 t 检验、方差分析、回归与相关分析等。每一种实验设计都有相应的统计分析方法，而不恰当的统计方法往往会导致错误的实验结论。需要指出的是，如实验效果显著，同时应计算经济效益。

6. 已具备的条件和实验进度安排

已具备的条件主要包括过去的研究工作基础或预试情况、现有的主要仪器设备、研究技术人员协作条件、从其他渠道已得到的经费情况等。研究进度可根据实验内容的差异分阶段进行合理安排，定期写出总结报告。

（二）实验设计的基本原则

1. 重复性原则

重复就是将一个基本实验重复多次，根据一次实验的结果就下结论往往不一定准确，缺乏必要的科学严谨性及说服力。实验条件在每次实验时往往存在波动，而总体平均值波动较小，所以重复有助于减弱因波动而产生的误差，主要表现在：①估计实验误差，判断样本之间差异的显著性往往是通过误差估计值来获得的，而误差估计值则是从重复实验中得到的。②更精确地估计处理效应，减少实验误差。例如，要比较两种不同抗生素对某类病原体繁殖的抑制效果，若每种抗生素只做一次抗菌实验，抗生素 a 作用 24 h 后有效抑制率达到 92%，抗生素 b 作用相同时间后有效抑制率则为 91%。这时我们难以正确判断两种抗生素抑菌效果有无显著差异，因为造成这种差异的原因可能是抗生素本身，也有可能是实验中的统计误差，故不能轻易下结论。若通过 n 个培养样本并进行多批次实验进行平均抑制率的比较，由于平均数方差为样本方差的 $1/n$，当 n 足够大时，两种抗生素抑菌效果之间的差异就可以被认为是专一效应间的差异。

2. 随机化原则

随机化是指实验材料的分配和各实验点的实验次序都要随机确定。在多样本实验中随机化选取及分组实验较为普遍。按照随机的原则进行选取及分组是实验设计中保证非处理因素均衡的一个重要手段。只有通过随机分组，才能避免出现各种人为的客观因素和主观因素的偏性，使不可控因子的影响部分"抵消"，不致积累，进而提高统计检验效能。传统上常用的随机化分组方法有随机数字表法和随机排列表法，大规模样本的随机化处理则常常采用操作性较强的专业数理统计软件。

3. 局部控制原则

局部控制是指在实验时采取一定的技术措施或方法来控制或降低非实验因素对实验结果的影响。实验时，当实验环境或单位差异较大时，仅根据重复和随机化两原则进行设计，不能将实验环境或单位差异所引起的变异从误差中分离出来，进而导致实验误差较大，结果精确性及检验的灵敏度都较低。为了解决这一问题，在实验环境或单位差异大的情况下，可依据局部控制的原则，将整个实验环境或单位分成若干个小环境或小组，在小环境或小组内使非处理因素尽量一致。相对一致的每个小环境或小组，则为区组。例如，某个园艺实验中要用到一定面积的果园，但整片果园土壤的肥沃程度、水分、微生物丰度要达到完全相同或近似相同难度很大。若把连片果园分成若干个区块，使区块内部保持较低的差异水平，而区组间则允许存在一定差异，如此一来，各果园区块土壤环境之间的差异即可在方差分析时从实验误差中分离出来，一定程度上降低了实验总误差。

上述重复性、随机化和局部控制三个基本原则统称为费希尔（Fisher）三原则，是实验设计中必须遵循的原则，再采用相应的统计分析方法就能够最大限度地降低误差，提高实验精度，从而得出可靠的结论。

（三）实验设计的基本方法

实验设计是在已确定实验内容的基础上，拟定一个具体的实验安排表，指导实验的进程。生物学实验通常涉及多变量、多水平的设计内容，不同变量、不同水平所构成的实验点在操作可行域中的位置不同，对实验结果的影响也不一样。因此，如何安排和组织实验，用最少的实验获取最有价值的实验结果，成为实验设计的核心内容。实验设计方法主要可分为三类：网格法（单因子法）、矩阵法、数理统计法。

网格法即每次只能检验一个元素，方法简便，但不能检验交互作用，同时存在耗时费力的问题。而矩阵法则是多变量、多水平的所有可能组合，实验次数与因素、水平之间呈指数函数关系。虽然矩阵法考察十分全面，但由于发酵工艺学实验的因素和水平往往较多，导致实验十分耗时、完成难度极大，在科学实验中因该法效率极低也较少采用，同时限于篇幅的原因，故下文不再赘述。而数理统计法则是利用数理统计的原理，选取少量有代表性的实验点，进而统计分析其整体规律，具有高效率及较准确两大优势。数理统计实验设计的具体方法很多，其中两种常用的数理统计实验设计法为正交设计法和均匀设计法。

1. 网格法

网格法又称为析因法，特点是以各因素各水平的全面搭配来组织实验，逐一考察各因素的影响规律。通常采用单因素变更法，即每次实验只改变一个因素的水平，其他因素保持不变，以考察该因素的影响。当实验次数为 n，因素数为 N，因素水平数为 K 时，$n=K^N$，如对一个 3 因素 4 水平的实验，实验次数为 $4^3=64$。

由于发酵工艺学实验中要考察的各因素间存在一定的相互作用，因此用该方法获得的最佳条件往往不是实际最优条件，故此方法一般只应用于影响较大而可能的交互作用较小的因子研究。

2. 正交设计法

正交设计法是根据正交配置的原则，从各因素、各水平的可行域中选择最有代表性的搭配来组织实验的一种比较科学的数理统计方法，综合考察各因素的影响。正交设计是研究多因素、多水平的一种设计方法，它是根据正交性从全面实验中挑选出部分有代表性的点进行实验，这些有代表性的点具备"均匀分散、整齐可比"的特点。均匀分散性使各实验点均匀地分布在实验范围内，使每个实验点都有充分的代表性；整齐可比性使得实验结果的分析更方便，易于估计各因素的主效应和部分交互效应，从而分析各因素对指标影响的大小和变化规律。日本统计学家田口玄一将正交实验选择的水平组合列成表格，称为正交表。正交表是具有正交性、代表性和综合可比性的一种数学表格，正交表名称写法为 $L_n(K^N)$，其中各参数的具体含义如右例 "$L_9(3^4)$" 中所示。

1）正交表主要性质

（1）每一列中，不同的数字出现的次数相等。例如，在 2 水平正交表中，任何一列都有数码 "1" 与 "2"，且任何一列中它们出现的次数是相等的；在 3 水平正交表中，任何一列都有 "1" "2" "3"，且其在任一列的出现数均相等。

（2）任意两列中数字的排列方式齐全且均衡。例如，在 3 水平正交表中，任何两列（同一横行内）都有 9 种序对：（1，1）、（1，2）、（1，3）、（2，1）、（2，2）、（2，3）、（3，1）、（3，2）、（3，3），且每对出现次数也均相等（表1-1）。而在 4 水平情况下，任何两列（同一横行内）则有 16 种序对。

（3）绝大多数正交表中各等式等价，可以任意取用。

表 1-1　$L_9(3^4)$ 正交实验表

实验序号	因素			
	A	B	C	D
1	1	1	1	1
2	1	2	2	2
3	1	3	3	3
4	2	1	2	3
5	2	2	3	1
6	2	3	1	2
7	3	1	3	2
8	3	2	1	3
9	3	3	2	1

　　2）正交实验的表头设计　　正交实验的表头设计是正交设计的关键，它承担着将各因素及交互作用合理安排到正交表的各列中的重要任务，因此一个表头设计就是一个设计方案。表头设计的主要步骤如下。

　　（1）确定列数（c）：根据实验目的，选择处理因素与不可忽略的交互作用，明确其个数。如果对研究中的某些问题尚不太了解，可多列一些，但一般不宜过多。当每个实验号无重复、只有 1 个实验数据时，可设 2 个或多个空白列，作为计算误差项之用。

　　（2）确定各因素的水平数（t）：根据研究目的，一般 2 水平（有、无）可作因素筛选用，也适用于实验次数少、分批进行的研究。3 水平可观察变化趋势，选择最佳搭配。多水平则能以一次实验即满足实验要求。

　　（3）选定正交表：根据确定的列数（c）与水平数（t）选择相应的正交表。例如，观察 4 个因素与 6 个一级交互作用，则可留一个空白列，且每个因素取 2 水平，则适宜选用 $L_{12}(2^{11})$ 表。

　　（4）表头安排：应优先考虑交互作用不可忽略的处理因素，按照不可混杂的原则，将它们及交互作用首先在表头排妥，而后再将剩余各因素任意安排在各列上。

　　（5）组织实施方案：根据选定正交表中各因素占有列的水平数列，构成实施方案表，按实验号依次进行，共做 n 次实验，每次按表中横行的各水平的组合进行实验。例如，$L_9(3^4)$ 表（表 1-1），若安排 4 个因素，第 1 次实验 A、B、C、D 4 因素均取 1 水平，第 2 次实验 A 因素取 1 水平，B、C、D 取 2 水平，至第 9 次实验时，A、B 因素取 3 水平，C 因素取 2 水平，D 因素取 1 水平。实验数据记录在该行的末尾。

　　所以，整个正交设计用一句话则可归纳为："因素顺序上列，水平对号入座，实验横着做"。

3. 均匀设计法

每一个方法都有其局限性，正交实验也不例外，它只适用于水平数不多的实验。若在一项实验中有 s 个因素，每个因素各有 q 水平，若用正交实验安排实验，则至少要做 q^2 个实验。当 q 较大时，q^2 将更大，实验强度往往会使人望而生畏。例如，当 $q=16$ 时，$q^2=256$，而在生物工艺实验中，256 次实验即意味着繁重的工作量，故在这一类实验中，均匀设计的优势就得以充分体现。

所有的实验设计方法本质上就是在实验的范围内给出挑选代表点的方法。正交设计则是根据正交性准则来挑选代表点，使得这些点能反映实验范围内各因素和实验指标的关系。在正交设计实验中为了保证整齐可比的特点，若每个因素都有 q 个水平，则至少要求做 q^2 次实验。若要减少实验的次数，只有去掉整齐可比的要求。

均匀设计则是只考虑实验点在实验范围内均匀散布的一种实验设计方法，它主要是从全面实验中挑选出代表性更好的实验点，这些实验点在实验范围内充分均衡分散，但仍能反映体系的主要特征。由于这种方法不再考虑正交设计中为整齐可比而设置实验点，因而大大减少了实验次数，这是它与正交设计法的最大不同之处。采用均匀设计，每个因素的每个水平仅做一次实验，当水平数增加时，实验数随水平数增加而增加。例如，采用均匀设计方法安排 4 因素 23 水平的实验，只需做 23 次实验，其效果与正交设计法基本相同。此法尤其适于发酵工艺、分离工艺等周期长、原材料费用高的实验，因此均匀设计是一种考虑实验点在实验范围内充分均匀散布的实验设计方法。在实验数相同的条件下，均匀设计的偏差远比正交设计小。

均匀设计法挑选的原则虽然是每个因素的每个水平各做 1 次实验，共做 q 次实验，但仍需适当地增加实验数以提高回归方程的显著性。实验数一般以因素数的 2 倍为宜，特别是对实验结果波动相对较大的微生物培养实验，每一实验组最好重复 2 或 3 次。由于均匀设计不再考虑实验的整齐可比性，因此实验结果的处理要采用回归分析方法线性回归或多项式回归分析。回归分析中可对模型中因素进行回归显著性检验，根据因素偏回归平方和的大小确定该因素对回归的重要性，在各因素间无相关关系时，因素偏回归平方和的大小则体现了其对实验指标影响的重要性。均匀设计应用主线为：①表的定义；②安排实验；③回归建模；④参数寻优；⑤继续实验；⑥最优方案。

而均匀设计与正交设计相似，第一步也是需要一套精心设计的表来进行实验设计的，如表 1-2 及其使用表 1-3 所示。

每一个均匀设计表都有一个代号 $U_n^*(q^s)$ 或 $U_n(q^s)$，其中 "U" 表示均匀设计（uniform design），"n" 表示进行 n 次实验，"q" 表示每个因素有 q 个水平，"s" 表示该表有 s 列，右上角加 "*" 和不加 "*" 代表两种不同类型的均匀设计表，通常加 "*" 的均匀设计表有更好的均匀性，应优先选用。

例如，表 1-2 中，$U_6^*(6^4)$ 表示要做 6 次实验，每个因素有 6 个水平，该表有 4 列。每个均匀设计表都附有一个使用表，它指示我们如何从设计表中选用适当的列，以及整个实验方案的均匀度。表 1-3 是 $U_6^*(6^4)$ 的使用表，由其可知，若有 2 个因素，应选用 1、3 两列来安排实验；若有 3 个因素，此时则应选用 1、2、3 三列……最后 1 列 D 表示刻画均匀度的偏差，偏差值越小，表示均匀度越好。

表 1-2 均匀设计表 $U_6^*(6^4)$

实验号	列号			
	1	2	3	4
1	1	2	3	6
2	2	4	6	5
3	3	6	2	4
4	4	1	5	3
5	5	3	1	2
6	6	5	4	1

表 1-3 均匀设计表 $U_6^*(6^4)$ 的使用表

因素数（s）	列号	列号	列号	列号	D
2	1	3	—	—	0.1875
3	1	2	3	—	0.2656
4	1	2	3	4	0.2990

随着统计软件的不断开发，许多统计优化技术涉及的内容（包括实验设计、模型的拟合、方差分析、响应面图解及最优化条件的求解）均可使用商业软件来完成，如常用优化设计软件 Design Expert 及著名的统计学软件 SAS 等。这些软件不需要像以往一样运用烦琐的人工方法进行统计分析，在正确设计实验与科学实施实验计划的同时，数据处理也变得方便和快捷，另外图表和曲线的输出方式让科学结果的呈现更为清晰，在进一步提高研究效率的同时，也有助于研究者得到更为科学的实验结果与结论。总的来看，发酵工艺学实验的优化虽然复杂、烦琐，但它却是以发酵工艺为代表的生物工艺实验探究中一项极其重要的工作，它对生物产业的发展也足以产生长远积极的影响。

实验设计是一门指导实验的科学和方法，有关实验设计的方法远不止以上三种，如近年国际上较为常用的中心组合设计法是一种 5 水平的实验设计法，该方法能够在有限的实验次数下，对影响生物进程的影响因子及其交互作用进行评估，而后通过对各因素进行优化，进而获得影响进程的最佳条件等。另外，Box-Behnken design法（响应面设计的常用方法）在工艺实验优化研究中也有许多报道。这些实验设计的基本原理、设计步骤及结果分析等内容在此不再详细论述，第五章将结合某些实验对其中几种实验设计方法进行更为详细的介绍。另外，感兴趣的读者也可自行查阅实验设计与数据分析的相关书籍与文献，结合相关实验设计软件进行学习。

第三节　发酵工艺学实验操作的基础知识

（一）常规玻璃器皿及使用注意事项

玻璃仪器可分为普通玻璃仪器及磨口玻璃仪器，生物工艺实验中较常用的标准玻璃仪器近30种，其中很多器皿在发酵工艺学实验中应用也较为广泛。按其主要功能具体分类如下。

微生物培养（发酵）：试管、玻璃培养皿（图1-2）、锥形瓶（图1-3）。

过（抽）滤分离：吸滤瓶、球形分液漏斗、梨形分液漏斗、短颈漏斗、长颈漏斗、砂芯抽滤漏斗、恒压滴液漏斗、层析柱。

蒸馏分离：圆底烧瓶、茄形烧瓶、空气冷凝管、球形冷凝管、直形冷凝管、蛇形冷凝管。

称量：量筒、容量瓶、烧杯、锥形瓶、移液管、玻璃棒。

其他：空心塞、（克氏）蒸馏头、弯接头、Y接管、（真空）接引管。

由于仪器口塞尺寸的标准化、系统化、磨砂密合，凡属于同类规格的接口，均可任意连接，各部件能组装成各种配套仪器。当与不同类型规格的部件无法直接组装时，则可使用转换接头进行连接。使用标准接口玻璃仪器，既可免去配塞

图1-2　玻璃培养皿　　　　图1-3　锥形瓶

子的麻烦手续，又能避免反应物或产物因塞子污染的危险。口塞磨砂性能良好，在分离工艺实验应用广泛，因密合性可达较高真空度，故在一定程度上保证了毒物或挥发性液体实验中的人员安全。常用标准玻璃仪器的接口有 10 mm、12 mm、14 mm、16 mm、19 mm、24 mm、29 mm、34 mm、40 mm 等。某些标准接口玻璃仪器有两个数字，如 10/30，10 表示磨口大端的直径为 10 mm，30 表示磨口的高度为 30 mm。

1）使用标准玻璃仪器注意事项

（1）在玻璃仪器连接密合或开启拆卸时一定要注意磨砂面的相对角度，绝对不能用同磨砂面角度偏差过大的力硬性提拉挤压。

（2）玻璃仪器在使用前，一般需要将少量真空密封脂或凡士林等密封剂均匀地涂在砂面上，以增强磨砂接口的密合性，避免磨砂面的相互磨损，便于接口装拆，密封剂也兼起润滑剂的作用。

（3）在装配玻璃仪器时，要把塞口和塞头轻微地对旋连接，不宜用力过猛，不能装得太紧，只需达到润滑密闭即可，使用时也应避免反复拆卸和对接标准磨砂接口仪器。

（4）实验完毕，应立即将标准接口玻璃仪器各部件拆卸下来用软布揩拭干净（不能残留布丝和棉絮），清洁保存。

（5）所有标准接口仪器的各部件可按型号和需要任意互换，而其他磨砂玻璃仪器的各部件则均不能随意调换和放乱，如称量瓶、容量瓶、试剂瓶、分液漏斗等常用仪器上的玻璃塞一旦调换则容易导致损坏。

（6）磨砂玻璃仪器不能盛放强碱性物质，否则容易粘连而无法拆卸。当磨砂玻璃用品搁置太久而难以打开时，一般采用水、煤油等溶剂浸泡尝试打开，并配合预热的方法小心拆卸。

2）玻璃仪器的清洗　　洗涤玻璃仪器是一项既简单又很重要的操作。仪器洗涤是否合格，会直接影响实验结果的可靠性与准确度。不同的实验对仪器洁净程度的要求虽有不同，但至少都应达到倾去水后器壁上不挂水珠的程度。

洗涤任何仪器之前，一定要先将仪器内原有的东西倒掉并可借助相关工具进一步清除干净，然后再按下述步骤进行洗涤。

（1）用水洗：根据仪器的种类和规格，选择合适的刷子，蘸水刷洗，洗去灰尘和可溶性物质。

（2）用洗涤剂洗：最常见的洗涤剂有洗衣粉、洗洁精，可先配成饱和溶液备用。不推荐使用去污粉，因其中含有细砂，会擦伤仪器内壁。可用毛刷蘸取洗涤剂先反复刷洗，然后边刷边用水冲洗。当倾去水后，如希望器壁上不挂水珠，则用少量蒸馏水或去离子水多次（最少 3 次）涮洗，洗去所沾的自来水，即可（或干燥后）使用。

（3）用洗液洗：对于用上述方法仍难洗净的仪器，或不便于用刷子洗的仪器，可根据污物的性质，选用特殊的专用洗液洗涤。

最常用的洗液是铬酸洗液，它的用途最广，一般的油污用此洗液浸泡涮洗即可。配法：称取 20 g $K_2Cr_2O_7$，加 40 mL 水，加热溶解。冷却后，将 360 mL 浓 H_2SO_4 沿玻璃棒慢慢加入上述溶液中，边加边搅，冷却后，转入细口瓶备用，并粘贴腐蚀性警告标签。因为该洗液具有强腐蚀性，使用时必须注意防止烧伤皮肤、衣物。使用完毕可进行回收，以反复使用。贮存瓶要盖紧，以防吸水失效，如果液体呈绿色，则已失效，可加入浓硫酸将 Cr^{3+} 氧化后继续使用。

另外，其他常用专用洗液主要还有碱性乙醇洗液、碱性高锰酸钾洗液、磷酸钠洗液、硝酸-过氧化氢洗液等。除此之外，对于无法使用刷子的小件或特殊形状的仪器，则可以选择有机溶剂洗涤，如活塞内孔、移液管尖头、滴定管尖头、滴定管活塞孔、滴管、小瓶等。需要指出的是，在换用另一种洗液时，一定要除尽前一种洗液，以免互相作用，降低洗涤效果，甚至生成更难洗涤的物质。用洗液洗涤后，仍需先用自来水冲洗，洗去洗液，再用蒸馏水涮洗，除尽自来水。

3）玻璃仪器的干燥　做实验经常要用到的仪器应在每次实验完毕后洗净干燥备用。不同实验对干燥有不同的要求，一般定量分析用的烧杯、锥形瓶等仪器洗净即可使用，而用于食品分析的仪器很多要求是干燥的，有的要求无水痕，有的要求无水。玻璃仪器应根据不同要求进行干燥。

（1）晾干：不着急使用的仪器，可在蒸馏水冲洗后倒置控去水分，然后自然干燥。可放置在安有木钉的架子或带有透气孔的玻璃柜上，但整个过程中需注意环境的清洁，不要使灰尘落在仪器上。

（2）烘干：急用的玻璃仪器则可用烘干的方法，较细的玻璃管用酒精灯加热烘烤，从底部烘起，烤时管口向下以免水珠倒流使玻璃管炸裂，烘到无水珠后再把管口向上烘烤，进而赶净水气。一般的玻璃仪器则可在初步沥水后放在烘箱内烘干，目前电热恒温烘箱应用较为普遍（图1-4），常用烘干温度一般为 70～80℃，烘 1 h 左右即可，也可放在红外灯干燥箱中烘干，称量瓶等在烘干后应置于干燥器中冷却和保存。烘干带实心玻璃塞及厚壁仪器时要注意缓慢升温并且温度不可过高，以免破裂，另外，量器不可放于烘箱中烘干。

图 1-4　电热恒温烘箱

（3）吹干：对于急于干燥使用的仪器或不适于放入烘箱的较大仪器可用吹干的办法。通常将少量乙醇、丙酮（或最后再用乙醚）倒入已控去水分的仪器中摇洗，然后用电吹风机吹，开始用冷风吹 1～2 min，当大部分溶剂挥发后吹入热风至完全干燥，再用冷风吹去残余蒸汽，避免其又冷凝在容器内。

（二）常见实验设备及使用注意事项

1. 灭菌锅

高压蒸汽灭菌是微生物灭菌技术措施中应用最广、效果最好的湿热灭菌方法，常用于培养基、玻璃器皿、金属用具、橡胶物品及传染性标本等的灭菌。高压蒸汽灭菌需要在一个既耐压，密封性能又好的特殊仪器中进行，这种仪器就是高压蒸汽灭菌锅，常见的有三种：手提式、立式（图 1-5）及卧式高压蒸汽灭菌锅。目前因手提式高压蒸汽灭菌锅具有体积小、移动方便、用于少量物品灭菌时速度快等特点，在高校及科研单位中被广泛使用，高校实验教学中主要接触的也是该类灭菌设备，故下文介绍其使用方法。

1）堆放　　将待灭菌的物品予以妥善包扎，各包之间留有间隙，这样有利于高压蒸汽的穿透，以提高灭菌效果。

2）加水　　在外桶体内注入清水，水位一定要超过外桶底部 2 cm，可依据灭菌物品量合理增加（不宜过多）。连续使用时，必须在每次操作前补足上述水位，以免烧坏电热管和发生意外。

3）密封　　灭菌物品堆放完毕，充分拧紧锅盖，确保盖与主体紧密贴合以防止漏气，并确认安全阀与放气阀均已关闭。

4）加热　　供电电源应与灭菌锅铭牌标志电源一致，将电源插头插入规格相匹配的插座上（应有接地线连通大地），拨动开关，指示灯亮，即开始加热。随即设置灭菌温度及灭菌时间，常用标准灭菌选项为 121℃ /20 min 及 115℃ /30 min

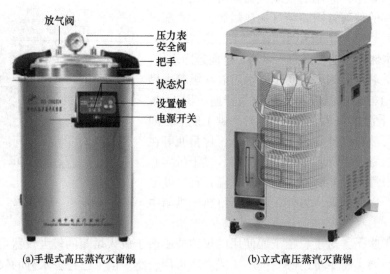

(a)手提式高压蒸汽灭菌锅　　　　　　　　(b)立式高压蒸汽灭菌锅

图 1-5　高压蒸汽灭菌锅

（依据灭菌物品类别，合理选择），设置完毕按"Enter"键确认即可。此时温度示数将逐渐增大，压力表指针也随之逐渐上升，并实时指示灭菌锅内部压力。

> **注意事项**：若开始加热，即开启放气阀，至较急蒸汽喷出时立刻关闭放气阀（务必戴厚手套），这样可适当缩短灭菌时间。若未排尽空气，会影响灭菌效果，灭菌时间也更长一些。

5）灭菌 当压力及温度到达所需的范围时，设备将维持恒压，灭菌剩余时间示数将逐渐下降，灭菌完毕后即开始降压并逐步降温，直至压力降为0。

6）冷却干燥 如果某些器械、敷料和器皿等在灭菌后需要迅速干燥，可在灭菌完毕时，将消毒器内的蒸汽通过放气阀迅速排出，待压力表指针回复至零位，稍等片刻将锅盖打开。取出被灭菌的物品，室温下冷却并待其自然干燥或在烘箱内加热烘干后，取出物品备用。

> **注意事项**：在灭菌液体时，当灭菌完毕后，切勿立即将灭菌锅内的蒸汽排出，否则由于液体的温度未能下降，压力释放，会使液体剧烈沸腾，造成渗出或容器爆裂，须待其自然冷却，压力表指针回零位，打开放气阀排除压力差后，才能开启锅盖。

2. 电热恒温培养箱

电热恒温培养箱（图1-6）是工农业生产、科学研究、高校及医疗卫生等单位实验室的必需设备，供细菌培养、育种、发酵及其他恒温试验用，培养温度一般不高于60℃，其使用方法如下。

（1）培养箱应放置在清洁整齐、干燥通风的工作间内。

（2）使用前，面板上的控制开关均应处于非工作状态。

（3）在培养架上放置试验样品，放置时各试瓶（或器皿）应保持适当间隔，以利于冷（热）空气的对流循环。

（4）接通外电源，将电源开关置于"开"的位置，指示灯亮。

图1-6 电热恒温培养箱

（5）选择培养温度，按"SET"键可设定温度，按"SET"键至数码管下排数据闪动，表示仪表进入温度设定状态，按"△"键设定值增加，按"▽"键设定值减小，再按一下"SET"键，仪表即回到正常工作状态，温度设定完毕。

3. 分光光度计

由于物质的分子结构不同，对光的吸收能力不同，因此每种物质都有特定的吸收光谱，而且在一定条件下其吸收程度与该物质的浓度成正比，分光光度法就是利用物质的这种吸收特征对不同物质进行定性或定量分析的方法。分光光度计就是利用分光光度法，通过测定被测物质在特定波长处或一定波长范围内光的吸收度，对该物质进行定性和定量分析。不同种类的分光光度计的基本原理相似，都是利用一个可以产生多个波长的光源，通过系列分光装置，产生特定波长的光。光透过测试的样品后，部分光被吸收，通过测量样品的吸光值，经过计算可以转化成样品的浓度。样品的吸光值与样品的浓度成正比。

分光光度计按照波长及应用领域的不同可以分为：可见光分光光度计（波长 400～760 nm 的可见光区）、紫外分光光度计（波长 200～400 nm 的紫外光区）、红外分光光度计（波长大于 760 nm 的红外光）、荧光分光光度计及原子吸收分光光度计。目前在高校实验教学中最常用的为可见光分光光度计（图 1-7），故下文对其具体使用方法进行介绍。

(a) 可见光分光光度计

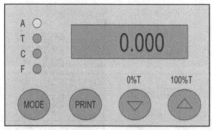

(b) 分光光度计表盘示意图

图 1-7　可见光分光光度计及其表盘示意图

（1）开机，预热 20 min 左右。

（2）转动波长旋钮，调所需波长。按"MODE"键切换到"T"档。

（3）将黑体放入光路中，合上盖，按"0% T"键校 T=0.000。

（4）开盖，将参比液按空白液、标准液、待测液顺序放入比色杯架上，拉动比色架拉杆，将空白液放入光路中，合上盖，按键校 T=100.0。

（5）合上盖，按键切换到"A"档。

（6）拉动拉杆，将标准液、待测液依次放入光路中，即可读取其光密度值。重复 3～4 次，并记录数据。

（7）读数后，将黑体放入光路中，开盖取出比色杯。将参比液倒回原试管中，清洗比色杯并倒扣在滤纸上晾干。

（8）关机，盖上防尘盖，并在登记本上记录仪器使用情况。

注意事项：使用中注意防震、防潮、防光和防腐蚀，每台仪器所配套的比色皿不可与其他仪器的比色皿单个调换。实验中勿用手指或毛刷摩擦比色杯的透光面，盛装参比液时，达到比色杯体积的 3/4 即可，不宜过多或过少。比色杯外壁如有液体，只能用滤纸沾去水分，再用擦镜纸拭净，注意比色杯的清洁，用后应先用自来水冲洗，再用蒸馏水清洗。测试结束要及时登记，仪器有问题及时报告。

4. pH 计

pH 计一般用于 pH 及电动势（mV）测定，采用复合电极和数字显示，操作也非常方便。pH 计大概可分为便携式及标准式（图 1-8）两种。目前大部分标准式 pH 计面板上设有温度补偿旋钮、斜率旋钮、定位旋钮等，使得仪器容易标定，其具体使用方法如下。

（1）在测量电极插座处插上复合电极，将选择旋钮调至 pH 挡。

（2）调节温度补偿旋钮，使旋钮刻线对准溶液温度值，并将斜率旋钮顺时针方向旋到底。

（3）将清洗过的复合电极插入 pH 7 标准缓冲液中，调节定位旋钮使读数与当时温度条件下中性缓冲液的 pH 一致。

（4）取出电极，用蒸馏水清洗后再插入 pH 4 或 pH 9 的标准缓冲液中，调节斜率旋钮到显示当时溶液温度条件下的 pH，仪器标定完毕。

图 1-8　标准式 pH 计

（5）测量 pH：当被测溶液与标准溶液的温度相同时，把清洗过的电极浸入被测溶液，用玻璃棒搅匀溶液后在显示屏上读出溶液的 pH；当被测溶液与标准溶液温度不同时，需将温度补偿旋钮调节到实际温度值，此时测出的 pH 为被测溶液的 pH。

注意事项：电极输入插头应保持清洁干燥，在测量溶液的 pH 前，缓冲液应严格配制，应注意保护电极球泡，防止碰碎或污染，要保持清洁，仪器在连续使用时，每天需标定一次。

图 1-9　可调式移液器

5. 移液器

移液器用于多次重复的快速定量取液，单手操作即可，十分方便，正确规范地移液时准确度为 ±（0.5%～1.5%）（体积分数），移液的精密度（重复性误差）小于 0.5%（体积分数）。移液器分为固定容量型及可调式（图 1-9）两类，目前在实验教学及科研中使用的几乎都是第二类，该类移液器常用规格有 10 μL、200 μL、1000 μL 及 5000 μL 等几种。每种移液器都有其专用的聚丙烯塑料吸头，吸头通常是一次性使用，也可经超声清洗，121℃高压蒸汽灭菌后重复使用。可调式移液器操作方法如下。

（1）用拇指和食指旋转移液器上部的旋钮，使数字窗口与所需容量体积的数字一致。

（2）在移液器下端插上塑料吸头，并旋紧以保证气密。

（3）然后四指并拢握住移液器上部，用拇指按住柱塞杆顶端按钮，向下按到第一停点（挡）。

（4）将移液器的吸头插入待取的溶液中，缓慢松开按钮吸取液体并停留1～2 s（黏性大的溶液可延长停留时间）。

（5）将吸头沿器壁滑出容器，用吸水纸擦去吸头表面可能附着的液体。

（6）排液时吸头接触倾斜的器壁，先将按钮按到第一停点（挡），停留1 s（黏性大的液体延长停留时间）。

（7）再按压到第二停点（挡），吹出吸头尖部的剩余溶液。吸取完毕后可按下除吸头推杆（如不能推除，则用手取下吸头），将吸头准确丢入废物缸。

注意事项：吸取液体时一定要缓慢平稳地松开拇指，绝不允许突然松开，以防溶液吸入过快冲入移液器内腐蚀柱塞而造成漏气；为获得较高的精度，吸头须预先吸取一次目标溶液，然后再正式移液，因为吸取许多溶液如蛋白质溶液时吸头内壁会残留一层"液膜"，造成排液量偏小而产生误差；吸取浓度和黏度大的液体时，会产生误差，消除误差的补偿量可由试验确定，补偿量可用调节旋钮改变读数窗的读数进行设定，可采用分析天平称量所取纯水的质量并进行计算的方法校正移液器（1 mL 蒸馏水在20℃时的质量为0.998 g）；为提高移液精度，应当在移液管、吸头和溶液的温度一致时才开始移液。

6. 离心机

离心就是利用离心机转子高速旋转产生的强大离心力，加快液体中颗粒的沉降速度，把样品中不同沉降系数和浮力密度的物质分离开。离心机（图1-10）主要用于将悬浮液中的固体颗粒与液体分开，或将乳浊液中两种密度不同又互不相溶的液体分开，也可用于排除湿固体中的液体，特殊的超速管式分离机还可分离不同密度的气体混合物。依照最高转速大体可将离心机分为三类：普通离心机、高速离心机、超高速离心机。在发酵工艺学实验教学及研究中，超高速离心机应用很少，以下着重介绍普通（触摸面板式）离心机的使用方法。

（1）使用前检查离心机电源旋钮是否在"关"的位置上，然后开盖检查离心机内是否整洁或有异物等。

（2）离心前先将待离心的物质转移到大小合适的离心管内，盛量不宜过多，以免溢出（一般以不超过离心管体积的2/3为宜）。

（3）将上述盛有液体的离心管，连同称量容器放在电子天平上称量，并记录

(a) 普通离心机　　　　　　　(b) 高速离心机

图 1-10　离心机

总质量，离心机中两两相对的离心管一定要达到平衡（质量差值小于 0.1 g），否则将会损坏离心机部件，甚至造成严重事故。

（4）将平衡好的离心管，对称地放入离心机中，并盖严离心机机盖。

（5）开动离心机时，先打开电源开关，设定离心时间，然后按动启动旋钮，使速度逐渐增加到所需转速。

（6）达到离心时间后，待离心机自动停止，即可打开离心机机盖，取出样品。

（7）使用完毕，应及时关闭电源，小心将离心机内部清理干净，并盖好防尘罩（布），同时将离心管充分冲洗干净，倒立放置或放入烘箱使其干燥后放回原处。

高速离心机的使用与上述普通离心机的使用方法相似，不同的是由于其转速高，使用的转头为角转头，因此离心管单独在外平衡后，直接两两对称地插入转头中并扭（按）紧转头盖再开始离心。另外，如果转头为可拆卸式，每次更换后应确认转头已固定牢，再开始下一步的操作。

注意事项：离心过程中，若听到异常响声，表示可能出现离心管破碎或离心管不平衡等情况，应立即停止离心，检查原因；离心机高速运转过程中切勿打开离心机机盖，以防造成意外事故。离心机应避免连续使用时间过长，一般每使用 40 min 应休息 20～30 min；离心时应选用质量较好的离心管，在离心有机溶剂和酶时若发生渗漏，应立刻停止离心并及时擦洗干净漏出的溶液，离心机的常用部件应定期检查，如磨损严重应及时更换。

7. 超净工作台

超净工作台（简称"超净台"）由三相电机作鼓风动力，将空气通过由特制的微孔泡沫塑料片层叠合组成的"超级滤清器"后吹送出来，形成连续不断的无尘、无菌的超净空气层流，即所谓的"高效的特殊空气"，它除去了直径大于 0.3μm 的尘埃、真菌和细菌孢子等，这已足够防止附近空气袭扰而引起的污染。从超净工作台的分类上来看，依照气流流向可分为垂直流超净工作台和水平流超净工作台，依照操作人员数则可分为单人超净工作台和双人超净工作台（图 1-11）。其具体使用方法如下。

图 1-11　双人超净工作台

（1）使用工作台时，先用清洁液浸泡的纱布擦拭台面，然后用消毒剂擦拭消毒。

（2）接通电源，打开紫外线灯照射消毒，处理净化工作区内工作台表面积累的微生物，30 min 后，关闭紫外线灯，开启送风机，10 min 后即可进行操作。

（3）操作结束后，清理工作台面，收集各废弃物，关闭送风机及照明开关，用清洁剂及消毒剂擦拭消毒。

（4）最后开启工作台紫外线灯，照射消毒 30 min 后，关闭紫外线灯，切断电源。

需要指出的是，每次双手离开超净操作台再次进入时需用 70% 乙醇溶液消毒双手。取拿物品后需用 70% 乙醇溶液消毒双手和物品再放入操作台。有包装的物品需用 70% 乙醇溶液消毒后移入操作台后再拆包装。在需要点燃酒精灯的情况下，应在酒精灯周围 10 cm 范围内进行快速操作。

注意事项：每次使用完毕，应立即清洁仪器，悬挂标识，并填写仪器使用记录；取样结束后，用酒精棉擦拭洁净工作区的杂物和浮尘污垢且目测无清洁剂残留，同时应定期使用纱布蘸上 70% 乙醇溶液将紫外线灯表面擦干净并保持表面清洁，以确保其杀菌能力；根据环境的洁净程度，可定期（一般 2～3 个月）将粗滤布（涤纶无纺布）拆下清洗或给予更换。

8. 摇床

摇瓶发酵过程中，摇瓶需要在不断的运动条件下保证氧的供给和良好的混合，这就需要特定的设备，也就是通常所说的摇床（shaker）。在发酵过程中，摇瓶被固定在摇床上，通过摇床提供的往复或偏心旋转的运动方式，摇瓶中的发酵液与空气充分接触，从而使氧的供给得到保证。目前应用于发酵过程的摇床多种多样，从运动方式来讲有往复和旋转之分，从规模来讲有小型移动式与大型固定式等，从功能上区分则有普通摇床和带参数检测及补料的摇床等。对于氧的传质来讲，摇床主要的参数是摇床往复运动的频率与振幅，频率越高、振幅越大，越有利于氧的传质，但是这样对设备制造的要求就越高，有时过高的频率与振幅也不利于发酵。目前在高校实验教学及研究中大部分摇床属于固定式及移动式摇床两类，当然在科学研究中，某些具有特殊功能的摇床也日益占有一席之地。

1）固定式摇床 发酵过程需要在一定的温度和湿度条件下进行，所以摇床在运行过程中，需要在能够提供温度和湿度控制的环境中运行。固定式摇床（图 1-12）一般较大，通常安置在特定的房间内（俗称摇瓶间），通过控制房间的环境条件而控制摇床上摇瓶的发酵条件。摇床间需要经专门设计，通常需满足以下 3 个基本的条件：①洁净，便于清洁与消毒；②能保持空气交换；③能提供恒定的温度环境，如果条件允许，摇瓶间最好也能提供恒定的湿度环境。固定式摇床除了能安置更多的摇瓶外，因其设备制造受约性小，所以设备的操作弹性会更大。一般来讲，相对于移动式摇床，固定式摇床的偏心距（或振幅）更大，具有更好的传质效率。对于经常进行摇瓶培养，培养规模比较大的实验室，宜选用固定式摇床。

图 1-12 固定式摇床

2）移动式摇床 移动式摇床（图 1-13）本身带有温度控制系统，只要实验室空间能够放置便可使用，因此比固定式摇床在使用上要方便得多。相对于固定式摇床，移动式摇床的应用范围更宽，一次也能培养多个摇瓶。目前很多移动式摇床都配备较为精确、稳定的温度控制及空气换气系统。移动式摇床一般放置在实验室里面，因而在噪声控制和运行平稳性方面更好。正因为如此，与固定式摇床相比，移动式摇床的偏心距（或振幅）要小得多，一般只有 20～30 mm，所以移动式摇床的溶氧传递水平一般要低于固定式摇床。

3）其他特殊功能的摇床 摇瓶水平的发酵因单次实验可发酵多个摇瓶，在反应器水平的非过程研究中得到广泛应用。而发酵研究最终解决问题通常要通过反应器水平的过程研究，在摇瓶条件下进行过程研究是很难实现的。近年来开

图 1-13　移动式摇床

发了一些具有特殊功能的摇床，如带补料及控制 pH 功能的摇床，其具备了一些在摇瓶条件下进行过程研究的特性，并配备电脑数据传输及控制接口，使得发酵过程研究变得更加可行，摇瓶研究的水平上升到一个新的高度。还有一些其他的摇床，如针对小量的摇管进行了特殊设计，在高通量的筛选上，相对其他常规摇床又有更多的优势；还有专门设计的微孔板高速摇床（图 1-14），一次筛选量最高可达 600 株以上，大大提高了发酵实验研究的效率。

摇床的种类虽然繁多，但其使用方法大都类似，其基本使用方法如下。

（1）整齐放入摇瓶后，打开电源总开关，整机通电。

（2）按"温度功能"键，仪器进入温度参数设定状态，显示温度的设定值，按"增加"键或"减少"键改变温度至所需数值，最后按参数"修改 / 确认"键予以确认。

（3）按"转速功能"键，按"增加"键或"减少"键改变转速至所需数值，最后按参数"修改 / 确认"键予以确认。

图 1-14　微孔板高速摇床

（4）完成上述设定后，按"启动 / 暂停"键，仪器即按已设定的程序开始运行。

（5）仪器运行中如需临时暂停仪器以观察实验结果，按"启动 / 暂停"键，摇床停止振荡，再按"启动 / 暂停"键，仪器重新开始振摇。

（6）实验完全结束后，按动控制面板上的电源键，仪器关机，关闭仪器一侧的电源总开关，整机关机。

（7）检查并清理仪器，填写仪器使用记录。

注意事项：当仪器实测温度与设定温度偏差大于 3℃时，仪器会自动报警，按温度功能键消除报警，并检查报警原因；仪器在使用过程中出现异常声音时，检查仪器是否水平放置，或是转轴故障；实验出现摇瓶破损时，应及时进行清理，避免发酵液体腐蚀摇床；摇瓶放置则需以摇床中心对称放置，勿随意放置。

9. 发酵罐

在实验室对发酵过程进行研究一般要借助反应器即发酵罐（图1-15）进行，其不仅能够考察发酵过程中生物反应参数的动态变化，也能够通过优化研究数据以便于发酵结果的放大。发酵的类型很多，从对氧的需求来讲有好氧与厌氧之分，从生物体反应来讲有微生物、动（植）物等，针对不同的发酵特点其适用的发酵罐形式也不同。但一般来讲，对于发酵过程的研究，通用通气搅拌型发酵罐是其中最典型的类型，也是实验室研究首选的类型，故下文围绕通气搅拌型发酵罐进行介绍。

实验室小型通气搅拌型发酵罐常见容积为2 L、5 L、7 L，实际装料则通常为罐体容积一半左右。发酵过程中为了控制基质的浓度和pH，发酵罐设有pH、溶解氧量（DO）自动检测和补料控制系统，以及发酵过程的温度、搅拌转速自动监测与控制系统。发酵过程中为了保持氧的传质，必须要通入适量的无菌空气。整个发酵过程必须在严格的纯培养条件下进行，所有的培养基都必须进行严格的灭菌，整个发酵系统在操作过程中，所有的环节都必须防止外源微生物的引入，通入的空气都必须进行严格的过滤除菌。从图1-15（a）可以看出通气搅拌型发酵罐最大的特点为氧的传质是通过通气与搅拌来实现的。一般来说，发酵过程中供氧和需氧都处于动态的平衡中，从表观上的发酵液中动态变化DO值就能够很好地体现，发酵过程中调节通气和搅拌很重要的原因就是控制氧的传递速度，使发酵液中氧的浓度处于工艺控制要求的水平。

虽然工艺实验中发酵罐搅拌方式、容积、材质及工艺水平各有不同、种类繁多，但其基本的使用方法却是大同小异的，下文就小型通气搅拌型发酵罐［图1-15（b）］的使用方法进行介绍。

（1）连接电源插座，打开电脑电源开关，输入正确密码（或转动匹配的专用钥匙）进入电脑操作界面。

（2）使用前准备：必须对蒸汽发生器及空气压缩机进行排污，发酵罐所有阀门关闭，但需将最下方排水阀门打开。

（3）升温阶段：打开蒸汽发生器，等达到0.4 MPa，打开进夹套蒸汽阀门至最大，打开搅拌器，温度到80℃以后关闭搅拌器，排水阀关小一些，打开进罐蒸汽阀门，在灭菌过程中进气压力要始终高于罐后压力。在接近121℃时把尾气排气阀和排水阀稍微开点，以振动低温蒸汽和夹套中的冷凝水，有利于升温。

（4）保温阶段：若温度高于121℃，先关进夹套蒸汽阀门和进罐蒸汽阀门

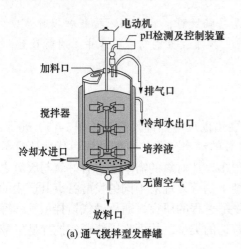

(a) 通气搅拌型发酵罐

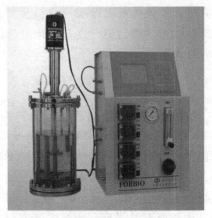

(b) 小型通气搅拌型发酵罐

图 1-15　发酵罐

（微调），若继续升温，打开排水阀（微调），确保温度维持在 119～123℃。

（5）吹干过滤器：关闭蒸汽发生器，关闭进夹套蒸汽阀门和进罐蒸汽阀门，关闭空气进罐球阀。打开过滤器后面的排水阀；找到空压机，打开进气阀和气体流量计开关，待两个白色胶管变凉（不烫手，约 5 min）后，关闭两个颜色不同的排水阀。

（6）降温阶段：打开空气进罐球阀至最大，打开尾气排气阀至适当开度，使空气进罐。在控制面板上关闭加热开关。打开总进水阀门、出水阀和加热器进水阀，进行降温，温度低于 90℃时可适当搅拌加速降温。

（7）接种：温度降至需要温度时进行接种。关闭空气进罐球阀，点上火圈，在火焰保护下接种，接种完毕后将接种口盖灼烧灭菌后盖上。打开空气进罐球阀，将气体流量和罐压调至合适的值后即开始发酵。

注意事项：发酵过程中应保持一定的罐压，不能降为 0；操作过程中应戴棉手套，防止烫伤；设置好发酵罐参数后，一般不能随便改动；空压机应定期排水，蒸汽发生器每次用完则应进行排污处理；因整体操作过程比较复杂，操作生疏者一定要在有经验的人指导下进行操作。

第二章 菌种选育及保藏工艺实验

菌种选育及保藏是一门应用科学技术，其理论基础是微生物遗传学、生物化学等，而其目的可分为相互联系的两方面：生产目的与科研目的。通过科学研究开发高产优质的微生物产品和发展新品种进而为生产不断地提供优良菌种，从而促进生产发展。

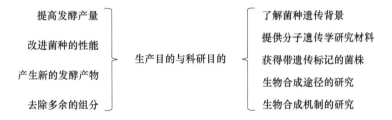

以微生物为基础的生物工业特别是发酵产业，要增加产品品种、改善产品质量、提高产量等，均须具备良好的生物工业菌／藻种。菌／藻种的选与育是一个问题的两个方面，全新的菌／藻种要向大自然索取，已有的菌／藻种往往要进行性能的改造、提高，使其更符合工业生产的要求。当然，有了优良的菌／藻种，还需要合适的工艺条件和合理先进的设备与之配合，才能充分发挥其优良性能。

微生物育种技术自诞生以来，经历了自然选育、诱变育种、杂交育种、代谢控制育种和基因工程育种 5 个阶段。需要指出的是，各个阶段并不孤立存在，而是相互交叉、相互联系的，而新的育种技术的发展和应用则进一步促进了生产的发展。目前菌种选育常采用自然选育和诱变育种两种方法，虽带有一定的盲目性，但仍属于经典育种的范畴。掌握好经典的菌种选育方法既是高校学生基础实验技能的硬性要求，也为学生学习其他菌种选育方法奠定了一定基础，故自然选育和诱变育种也是本章实验的主要内容。而随着微生物学、生化遗传学的发展，对于出现的转化、转导、原生质体融合、代谢调控和基因工程等较为定向的新型育种方法，本章也将选取部分操作性较强的选育工艺实验进行介绍，读者可自行选取感兴趣的部分进行学习。

第一节 自 然 选 育

在生产过程中，不经过人工处理，利用菌种的自然突变而进行菌种筛选的过程称为自然选育。而所谓自然突变即指某些微生物在没有人工参与下所发生的突变，一般认为自然突变有两个原因：①多因素低剂量的诱变效应；②互变异构效应。而菌种的自然突变往往有两种可能性：①菌种衰退，生产性能下降；②代谢更加旺盛，生产性能提高。为了防止生产上菌种的退化，要求定期进行菌种的分离纯化，即自然选育实验。

实验2-1-1　培养基的配制与灭菌

（一）实验目的

（1）以高氏 1 号培养基为例，掌握配制一般培养基的方法和步骤，并同时掌握斜面培养基制备的方法。

（2）了解微生物培养基的配制原理和热力灭菌原理及过滤除菌的方法和原理，掌握高压蒸汽湿热灭菌及干热灭菌的方法和操作。

（二）实验原理

培养基是人工配制的适合微生物生长繁殖或积累代谢产物的营养基质，用以培养、分离、鉴定、保存各种微生物或积累代谢产物等。培养基的种类繁多，配方各异。以培养基的成分划分，可分为天然培养基、合成培养基和半合成培养基；以培养基的物理状态划分，则可分为固体培养基、液体培养基和半固体培养基；以培养基的用途划分，可分为选择性培养基、鉴别性培养基、基础培养基等。虽然培养基种类繁多、配方各异，但是配制培养基的营养要素主要有碳源、氮源、能源、无机盐、生长因子和水六大类，配制步骤也大致相同，主要包括器皿的洗涤、包扎与灭菌，培养基的配制与分装，棉塞的制作，培养基的灭菌，斜面与平板的制备。

灭菌是指杀灭一切微生物的营养体、芽孢和孢子。在微生物实验中，需要进行纯培养及培养基的无菌检查等，不能有任何杂菌污染，因此对所有器材、培养基和工作场所都要进行严格的消毒和灭菌。消毒和灭菌的方法很多，一般可分为加热、过滤、照射和使用化学药品等。而在发酵工艺学实验中，高压蒸汽灭菌、干热灭菌、过滤除菌几种方法应用较为普遍，故下文对这几种方法进行简要介绍。

（1）高压蒸汽灭菌法是湿热灭菌中最常用、效果最好的方法。在 0.1MPa 下，蒸汽的温度一般只能达到100℃，当加压时，随着压力的增加，温度也上升到100℃以上，根据这个原理设计了高压蒸汽灭菌锅，依据容量大小可分为手提式、卧式和立式三种；根据控制方式分为手动、半自动和全自动等。高压蒸汽灭菌锅是一个密闭的耐高压高温的金属容器，具有严密的盖，容器内的蒸汽不能漏出。

由于连续加热，蒸汽不断增加，因而灭菌器内的压力逐渐增大，同时也使容器内的温度随压力而升高。使用高压蒸汽灭菌锅进行灭菌时需排除锅内的冷空气，然后再关上气门，使锅内的压力再度升高，按规定要求进行灭菌。若冷空气排不干净，则压力虽达规定数字，而其内温度却实际不足，会影响灭菌的效果。各种培养基、溶液、玻璃器皿、金属器械、工作服、橡胶用品等均可用高压蒸汽灭菌锅灭菌。一般培养基用 0.1 MPa、121℃、15～30 min 即可达到彻底灭菌的目的。灭菌的温度及维持的时间随灭菌物品的性质和容量等具体情况而有所改变。例如，含糖培养基用 0.06 Mpa、112.6℃灭菌，然后以无菌操作步骤加入灭菌的糖溶液。又如，盛于试管内的培养基以 0.1 MPa、121℃灭菌 20 min 即可，而盛于大瓶内的培养基最好以 0.1 MPa、121℃灭菌 30min。在同一温度下，湿热的杀菌效力比干热大，因此灭菌时间比干热灭菌时间短。

（2）干热灭菌是利用高温使微生物细胞内的蛋白质凝固变性而达到灭菌的目的。细胞内的蛋白质凝固性与其本身的含水量有关，在菌体受热时，环境和细胞内含水量越大，则蛋白质凝固就越快；含水量越小，凝固越慢。因此，与湿热灭菌相比，干热灭菌所需温度高（160～170℃），时间长（1～2h）。同时应当注意干热灭菌温度不能超过180℃，否则，包器皿的纸或棉塞就会烤焦，甚至引起燃烧。

（3）过滤除菌是通过机械作用滤去液体或气体中细菌的方法。根据不同的需要选用不同的滤菌器（图 2-1）和滤板材料。微孔滤膜过滤器是将各种微生物阻留在微孔滤膜上面，从而达到除菌的目的。根据待除菌溶液量的多少，可选用不同大小的滤菌器。此法除菌的最大优点是不破坏溶液中各种物质的化学成分，但由于过滤量有限，因此一般只适用于实验室中少量溶液的过滤除菌。

(a) 抽滤式滤菌器　　　　　　　　　　　(b) 针式滤菌器

图 2-1　滤菌器

（三）器具材料

药品及试剂：可溶性淀粉，K_2HPO_4，$MgSO_4 \cdot 7H_2O$，KNO_3，$NaCl$，$FeSO_4 \cdot 7H_2O$，琼脂，10% NaOH 溶液，10% HCl 溶液，蒸馏水等。

仪器及其他用品：1000 mL 量筒，铝锅，天平，牛角匙，玻璃棒，500 mL 烧杯，pH 试纸（pH 计），分装漏斗，棉塞，电炉，标签纸，旧报纸，橡皮绳，斜面搁置木，高压蒸汽灭菌锅，电烘箱等。

（四）操作步骤

（1）用 1000 mL 量筒先量取 1000 mL 蒸馏水置于铝锅中，在电炉上加热。

（2）根据培养基配方（见附录Ⅱ），按实验所需计算好药品用量（以 2 L 用量为例），依次称取各种药品加入铝锅中，搅拌均匀。称取可溶性淀粉放入 500 mL 烧杯中，加入 100 mL 蒸馏水调成糊状，待培养液沸腾时加入铝锅中，注意边加边搅拌，以防糊底。

（3）加入琼脂煮沸至完全熔化，并将水量补足至 2 L，pH 调至 7.2。

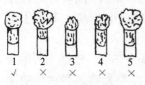

图 2-2　对试管棉塞的要求

（4）趁热分装于 250 mL 锥形瓶和 15 mm×150 mm 试管中。锥形瓶每瓶装 120 mL，每组 1 瓶；斜面试管每支装 5 mL，每组 2 支，指导教师装 3 支。另外在 16 支试管中分别加入 4.5 mL 蒸馏水。以上仪器分配后，各组要塞好棉塞（图 2-2），用旧报纸和绳子包扎好，均贴好标签。

（5）将锥形瓶和试管放入高压蒸汽灭菌锅，由专人统一进行高压蒸汽湿热灭菌，灭菌条件为 121℃，30 min。灭菌完成后待压力表示数降为零后，才可开启锅盖，而后由专人及时取出试管，同时应趁热搁置斜面（图 2-3）。

斜面约为试管长度的1/2

图 2-3　摆试管斜面要求

注意：无菌水试管不能放倒。

（6）指导教师可示范包扎 1 mL 吸管 3 根、5 mL 吸管 3 根，而后各组学生自行包扎 9 cm 培养皿 6 副、涂布棒 3 根、1 mL 吸管 3 根。均贴好标签，放入烘箱，并由专人统一进行干热灭菌，灭菌条件为 165℃，90 min。

待温度下降至 70℃以下后，即可打开箱门，取出灭菌物品。

（五）注意事项

（1）灭菌锅内物品不要摆得太挤，以免阻碍空气流通。

（2）电烘箱内温度未降到70℃前，切勿自行打开箱门，以免骤然降温导致玻璃器皿炸裂。取出灭菌物品时，应从小到大依次按序拿出，不要碰破电烘箱顶部放置的温度计。若碰破了温度计，要立即报告给指导教师，切断电源，用硫黄铺洒在汞污染的地面和仪器上，清除汞，以防汞蒸发中毒。

（3）在压力未完全降至零前，不能打开锅盖，以免培养基沸腾将棉塞冲出。进行灭菌的物品开盖后应尽快取出，以免凝结在锅盖和器壁上的水弄湿包装纸或进行灭菌的物品，增加染菌率。斜面培养基自锅内取出后要趁热摆成斜面，灭菌后的空培养皿、试管、移液管等需烘干或晾干，操作时注意戴手套，以免被烫伤。

（六）思考题

（1）如何检查灭菌后的培养基是否无菌？

（2）为节省实验时间，同组同学应如何分工合作？

（3）如果只配制少量的培养基（如100 mL），那么用量少的无机盐该如何取用？为什么？

（4）本实验所用的培养基是属于哪种类型的培养基？它的特点是什么？在配制时应用自来水还是蒸馏水？为什么？

（5）为什么干热灭菌比湿热灭菌所需的温度高、时间长？请设计一个可以比较干热灭菌及湿热灭菌效果的实验方案。

实验2-1-2 洁霉菌的分离纯化

（一）实验目的

（1）以洁霉菌为例，学习菌种的稀释涂布分离法和平板划线分离法两种分离纯化技术。

（2）熟悉无菌操作技术。

（二）实验原理

微生物菌种分离纯化的目的是从出发菌株的群体中获得正常型的纯种微生物，其基本原理和方法是将待分离的样品进行稀释，并使微生物的细胞或孢子尽量以分散状态存在，然后让其由单细胞长成一个个纯种单菌落。一般采用稀释涂布分离法和平板划线分离法达到分离纯化的目的。稀释涂布分离法是一种有效而常用的微生物纯种分离方法，它是将一定浓度、一定量的待分离菌液移到已凝固的培养基平板上，再用涂布棒迅速地将其均匀涂布，使其长出单菌落而达到分离的目的，该法也是进行微生物活菌计数的方法之一。

（三）器具材料

药品及试剂：高氏1号固体培养基（已灭菌，配方见附录Ⅱ），无菌生理盐水（0.85% NaCl溶液），无菌水等。

仪器及其他用品：洁霉菌沙土管，试管，竹铲，接种环，移液管，玻璃涂布棒，酒精灯，微波炉，摇床，恒温培养箱等。

（四）操作步骤

1. 稀释涂布分离法

以制备 10^{-6} 稀释度为例，按照10倍稀释法进行稀释分离，具体操作过程如下。

（1）用无菌竹铲铲取约1 g待分离的出发菌种的沙土，装于盛有99 mL无菌生理盐水和玻璃珠的锥形瓶中，振荡混合20 min，静置30 min，得到 10^{-2} 稀释度的混合液。

不宜将培养基直接涂布分离，因为保藏在沙土中的微生物孢子不利于其自身正常生长发育；另外，若直接涂布往往难以使微生物孢子均匀分散。

（2）取装有4.5 mL无菌水试管4支，按 10^{-3}、10^{-4}、10^{-5}、10^{-6} 稀释度顺序编号，放置在试管架上。

（3）取无菌移液管一支，准确吸取0.5 mL稀释度为 10^{-2} 的混合液，加入盛有4.5 mL无菌水的试管中，于振荡混合器上振荡混匀，制得稀释度为 10^{-3} 的稀释液。

（4）依前法逐步稀释，制成稀释度为 10^{-4}、10^{-5}、10^{-6} 的稀释液（为避免稀释过程中的误差，进行微生物稀释分离时，最好每一个稀释度更换一支移液管）。

（5）分别取不同浓度的稀释液0.1 mL加在凝固的平板上，然后用无菌的玻璃涂布棒把稀释液均匀地涂布在培养基表面。

（6）将平板置于合适温度的恒温培养箱内倒置培养，经恒温培养即可观察到单菌落，对不同稀释度的菌落数目进行统计并记录（表2-1）。

表 2-1　稀释分离法菌落数

稀释度	菌落数 / 个			平均菌落数 / （个 /mL）
	1号	2号	3号	
10^{-4}				
10^{-5}				
10^{-6}				

2. 平板划线分离法

将已凝固的培养基熔化后再倒入培养皿，放置，待平板培养基凝固。然后用接种环或接种针浸取制备的菌混合液，值得注意的是，浸取原液量不宜过多，否则难以在平板上得到单菌落。直接在平板表面多方向连续划线，使得混杂的微生物细胞在平板表面分散，经培养得到由单个微生物细胞繁殖而成的菌落。常用的划线分离法有连续划线法和分区划线法。

1）连续划线法　　连续划线法是从平板边缘一点开始，连续做波浪式划线直到平板的另一端为止，中间不需灼烧接种针上的菌体［图2-4（a）图中1为划线起始区］，具体操作如下。

（1）以无菌操作用接种环直接取平板上待分离纯化的菌落，将菌种点种在平板边缘一处，取出接种环，烧去多余菌体。

（2）将接种环再次通过稍打开皿盖的缝隙伸入平板，在平板边缘空白处接触一下使接种环冷凉。

（3）然后从接种有菌的部位在平板上自左向右轻轻划线，划线时平板面与接种环面成30°～40°，以手腕力量在平板表面轻巧滑动划线，接种环不要嵌入培养基内以免划破培养基。线条要平行密集，充分利用平板表面积，注意勿使前后两条线重叠。划线完毕，关上皿盖。

（4）灼烧接种环，待冷凉后放置在接种架上。

（5）培养皿倒置于合适的恒温培养箱内培养（以免培养过程中冷凝水滴下，冲散已分离的菌落）。

（6）培养后在划线平板上观察沿划线处长出的菌落形态，涂片镜检为纯种后再接种斜面。

2）分区划线法　　取菌、接种、培养方法与连续划线法相似。分区划线法划线分离时平板分4个区，故又称为四分区划线法，其中第4区是单菌落的主要分布区，故其划线面积应最大。为防止第4区内划线与1、2、3区线条接触，应使第4区线条与第1区线条平行，区与区间线条夹角最好保持在120°左右。具体操作时，每次划线后将平板转动60°～70°再划线［图2-4（b），图中1为划线起始区］，每换一次角度，应将接种针上的菌体烧死后，再通过上次划线处划线。具体操作如下。

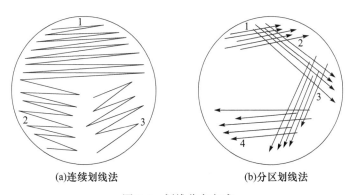

(a)连续划线法　　　　　　　　(b)分区划线法

图2-4　划线分离方式

（1）先将接种环蘸取少量菌在平板 1 区划 3～5 条平行线。

（2）取出接种环左手关上皿盖将平板转动 60°～70°。

（3）右手将接种环上多余菌体烧死，将烧红的接种环在平板边缘冷却再按照以上方法以 1 区划线的菌体为菌源由 1 区向 2 区做第 2 次平行划线。

（4）第 2 次划线完毕再把平板转动 60°～70°，同样依次在 3 区、4 区划线。

（5）划线完毕即灼烧接种环并关上皿盖，培养方法同连续划线法，在划线区观察单菌落。

（五）注意事项

（1）稀释涂布法分离菌种时，应将保藏管中菌种充分溶解并摇匀，以免出现菌落过密或过稀的问题。

（2）应采取必要的措施保持培养箱的适当湿度，分离较长生长周期的某些菌落（如放线菌）时，琼脂培养基也应更加厚些，以免培养基内水分过快干掉进而影响菌落的生长。

（3）倒平板时，需待培养基冷却至 50℃左右（基本不烫手）时再尽快倒平板。倒平板时，若因操作不慎将培养基洒落在培养皿口周围，该平板不应继续使用。

（六）思考题

（1）分离纯化有何意义？操作过程中的关键是什么？

（2）分离设计时怎样安排较为合理？进行多皿一次分离还是少皿多次分离更好？

（3）课外查找资料，并结合所在地的地域生态环境（如湿地、退化土壤、富营养化湖泊等），设计一个筛选方案来筛选这些环境中的特有微生物。

实验2-1-3 乳酸细菌的分离与初步鉴定

（一）实验目的

（1）以嗜热链球菌和保加利亚乳杆菌为例，学会从酸奶中分离纯化乳酸细菌。

（2）能够正确观察并描述两种主要乳酸细菌的性状，以掌握对其初步鉴定的方法。

（二）实验原理

嗜热链球菌（*Streptococcus thermophilus*）和保加利亚乳杆菌（*Lactobacillus bulgaricus*）作为乳品发酵工业中成本低、稳定性好的发酵菌群，在乳品发酵中长期扮演着重要角色。乳酸杆菌基本为厌氧菌，也存在少量微好氧菌，表面生长菌落较少，能发酵葡萄糖或乳糖产生乳酸；若培养基中含碳酸钙，则能将其溶解而产生透明圈。有些乳酸杆菌，如保加利亚乳杆菌在 15℃时不生长，在 45℃甚至

50℃时生长，最适生长温度为 40℃左右，通常呈链状排列（图 2-5）。而嗜热链球菌则与保加利亚乳杆菌基本类似，15℃时不生长，适宜生长的温度一般也在 40℃左右，此温度下，酸乳中嗜热链球菌也呈链状排列（图 2-6），但在原乳中，多以双球状排列。本实验正是利用这些特点，对酸奶中这两种功能菌进行初步分离与鉴定。

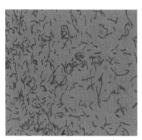

(a)光学显微镜下观察　　　　(b)电子显微镜下观察

图 2-5　保加利亚乳杆菌

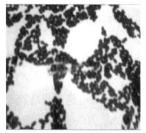

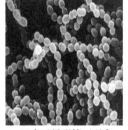

(a)光学显微镜下观察　　　　(b)电子显微镜下观察

图 2-6　嗜热链球菌

（三）器具材料

药品及试剂：染色剂（草酸铵结晶紫、碘液、番红染液），酸奶，95% 乙醇溶液，松柏油，蒸馏水等。

分离培养基：乳糖 0.5%，葡萄糖 1%，蛋白胨 1%，牛肉膏 0.5%，酵母膏 0.5%，NaCl 0.5%，琼脂粉 1.5%，pH 6.8。

仪器及其他用品：锥形瓶，培养皿，接种瓶，接种环，酒精灯，吸水纸，高压蒸汽灭菌锅，光学显微镜，恒温培养箱等。

（四）操作步骤

（1）配制 100 mL 分离培养基，均匀地分装于两个锥形瓶中，与其他待灭菌物品一同湿热灭菌。

（2）灭菌完成后，尽快取出灭菌物品并烘干，待锥形瓶刚好不烫手时倒平板。

（3）待 20 min 培养皿凝固后即可进行划线（每组 2 块）。

（4）将酸奶同时划线接种于 2 块分离平板中（若酸奶中乳酸菌浓度较高，可设立稀释对照组），37℃倒置培养 4 d。

（5）挑取分离平板上特征不同的菌落制作涂片，运用革兰氏染色法对两种主要的乳酸菌（菌落形态可参考图 2-5 和图 2-6）进行鉴定。

油镜下嗜热链球菌为革兰氏阳性，呈链状排列；保加利亚乳杆菌也为革兰氏阳性，呈链状排列。

（6）根据油镜中所观测的图像绘制乳酸菌的形态并及时记录实验结果。

革兰氏染色法步骤

1. 涂片

对所要鉴定的菌制作涂片（注意涂片切不可过于浓厚），自然干燥、固定。固定时通过火焰 1～2 次即可，不可过热，以载玻片不烫手为宜。

2. 染色

（1）初染：滴加草酸铵结晶紫（以刚好将菌膜覆盖为宜）1 滴，染色 1～2 min，倾斜后缓慢冲洗，用吸水纸吸干。

（2）媒染：滴加碘液冲去残水，并覆盖约 1 min，倾斜后缓慢冲洗，吸水纸吸干。

（3）脱色：将载玻片上的水甩净，并衬以白背景，倾斜玻片，用 95% 乙醇溶液滴洗至流出乙醇刚刚不出现紫色时为止，20～30 s 后，立即用水冲净乙醇。

（4）复染：用番红染液复染 1～2 min，水洗。

（5）镜检：自然干燥后，置于油镜下观察。革兰氏阴性菌呈红色，革兰氏阳性菌呈紫色。以分散开的细菌的革兰氏染色反应为准，过于密集的细菌，常呈假阳性。

（五）注意事项

（1）对酸奶进行划线操作时，酸奶取样量应适当，避免乳酸菌呈现生长过密或过稀的情况。

（2）革兰氏染色操作应严格规范，乙醇脱色是革兰氏操作的关键环节，主要应避免出现菌落重叠、染色太深或太浅的情况，从而影响鉴定效果。

（六）思考题

（1）通过本实验，描述酸奶中主要有哪些乳酸细菌存在。

（2）试述保加利亚乳杆菌和嗜热链球菌的形态特征。

（3）若在油镜下发现涂片上存在革兰氏阴性菌，推测可能的原因。

实验2-1-4　小单孢菌的分离纯化

（一）实验目的

（1）以小单孢菌为例，学习稀有放线菌的选择性分离方法。

（2）了解目前抗生素产品开发现状，明确从稀有放线菌中寻找新型抗生素的具体途径。

（二）实验原理

放线菌是一类数量大、种类多，具有分枝状菌丝体的高（G+C）% 的革兰氏阳性菌。放线菌因菌落呈放射状而得名，是最为重要的一类抗生素产生菌，60% 以上的已知天然化合物及临床抗生素，如万古霉素、链霉素、红霉素、利福霉素、卡那霉素、庆大霉素、西索米星等均来源于放线菌。由瓦克斯曼（Waksman）建立的抗生素筛选系统适于从土壤微生物（主要是链霉菌）的代谢产物中寻找抗生素，但要用该法发现新抗生素已变得越来越难。20 世纪 50 年代后，人们发现稀有放线菌也具有产生抗生素的潜力，如紫色小单孢菌可产生庆大霉素，诺卡氏菌可产生利福霉素，马杜拉放线菌可产生马杜拉霉素、洋红霉素等。此外，稀有放线菌也能产生酶、维生素、氨基酸等其他生理活性物质，因此从稀有放线菌中寻找新型生理活性物质已成为当今发酵工程的研究热点之一。

本实验以土壤中的小单孢菌（*Micromonospora*）（图 2-7）为例，对稀有放线菌进行分离纯化。基本操作与实验 2-1-2 大致相同，但需要用更高选择度的分离培养基和分离条件。样品需先经干燥及高温处理，以杀灭不耐热、不耐干燥的非目的菌，再根据稀有放线菌对某些化学药品的抗性较强这一原理，用这些化学药剂处理样品稀释液，以杀灭链霉菌属的放线菌。为了尽可能增加目的放线菌的数量，在培养基中还可加入这类稀有放线菌产生的特异性抗生素。小单孢菌是一类好气性腐生菌，分布十分广泛，土壤、水体、高低温环境及碱性环境中均有分布。特别是湖泊沉积物中，其数量可占放线菌总数的 30% 以上，在物质循环及毒物分解过程中起着重要的作用。小单孢菌耐干燥，对苯酚的抗性强，对衣霉素

(a) 透射电镜图　　　　　　　　　(b) 平板生长图

图 2-7　小单孢菌

和萘啶酸具有较高的耐受性，因此可利用衣霉素和萘啶酸来抑制细菌、真菌和非目的放线菌的生长，选择性地分离出小单孢菌。

（三）器具材料

药品及试剂：有机质土壤（湖泊沉积泥），0.1 mol/L HCl 溶液，0.1 mol/L NaOH 溶液，萘啶酸，衣霉素，放线酮，15% 苯酚溶液等。

HV 琼脂（HVA）培养基：腐殖酸 1.0 g，CaCO$_3$ 0.02 g，Na$_2$HPO$_4$ 0.5 g，MgSO$_4$·7H$_2$O 0.5 g，KCl 1.7 g，FeSO$_4$·7H$_2$O 0.01 g，维生素 B$_2$ 0.5 mg，维生素 B$_1$ 0.5 mg，维生素 B$_6$ 0.5 mg，烟酸 0.5 mg，肌醇 0.5 mg，泛酸 0.5 mg，生物素 0.25 mg，对氨基苯甲酸 0.5 mg，琼脂 20 g，蒸馏水 1000 mL，pH 7.2。

仪器及其他用品：pH 试纸，采土袋，玻璃涂布棒，酒精灯，天平，量筒，试管，锥形瓶，移液管，培养皿，恒温培养箱，高压蒸汽灭菌锅等。

（四）操作步骤

（1）配制 HVA 培养基，准备好培养皿、无菌水、移液管、玻璃涂布棒等，0.1 MPa 灭菌备用。

（2）待 HVA 培养基冷却到 50℃ 左右，放到 50℃ 水浴锅中，以无菌操作方式加入萘啶酸和衣霉素，使它们的质量浓度达到 20 mg/L，加入放线酮，使其质量浓度达到 50 mg/L，混匀后倒平板，凝固待用。

（3）取自然风干的土样 5 g，加至 45 mL 无菌水中，摇匀，制成 10^{-1} 稀释度的土壤悬浮液。静止 2 min 后，吸取上层菌悬液 0.5 mL 至 4 mL 无菌水中，摇匀后再加 0.5 mL 15% 的苯酚溶液，制成 10^{-2} 稀释度的土壤悬浮液（含 1.5% 苯酚），30℃ 处理 30 min 后，吸取 0.5 mL 10^{-2} 稀释度的悬浮液至 4.5 mL 无菌水中，制成 10^{-3} 稀释度的悬浮液。同法制成 10^{-4} 稀释度的悬浮液。

（4）吸取 10^{-3} 稀释度和 10^{-4} 稀释度的稀释液各 0.2 mL 涂布 HVA 平板，30℃ 恒温培养箱中倒置培养，5 d 后逐日观察。根据菌落形态（参照图 2-7）挑取小单孢菌（可占总菌落数的 60% 以上）。

（5）分离的平板初期生长的菌落很多是小单孢菌（菌落小，直径 2～3 mm，橙黄色或红色，边缘深褐黑色或蓝色，表面覆盖一层粉状孢子），挑取几株典型的小单孢菌，每株菌用一新鲜平板划线分离纯化，直至分离出纯种。

（五）注意事项

（1）生长抑制物的浓度不能太高，处理时间不能过长，否则小单孢菌容易死亡。

（2）许多放线菌在干热下 100℃ 处理 30 min 不会死亡，但在湿热下只能用 50～55℃ 处理 30 min。样品如果用湿热处理，温度不能太高，时间不能太长。

（六）思考题

（1）阐述实验中小单孢菌筛选过程中的选择性。

（2）查找资料设计一个筛选方案来筛选其他稀有放线菌（小双孢菌、小四孢菌、马杜拉放线菌等）。

实验2-1-5　豆豉中高产蛋白酶菌株的筛选

（一）实验目的

（1）通过分离产蛋白酶细菌，了解一般产酶微生物分离的基本实验技术原理。

（2）掌握产蛋白酶细菌分离及活性测定方法。

（二）实验原理

微生物能产生各种各样的生物酶，其中许多是重要的商品酶，如淀粉酶、纤维素酶、果胶酶、蛋白酶和脂肪酶等，它们均由微生物发酵生产而来。传统曲霉型豆豉一般采用自然发酵法进行发酵，在其发酵过程中，蛋白酶产生菌是发酵过程中的优势菌株，并发挥着极其重要的作用。它分泌的胞外蛋白酶可直接作用于大豆蛋白，将蛋白质水解成小分子肽类和游离态氨基酸，使得营养物质更易被人体吸收，同时，也在一定程度上改善了豆豉的风味。本实验以豆豉中产蛋白酶细菌分离为例，学习从自然界中分离工业微生物菌株的一般过程。

在豆豉发酵期间，样品中存在产蛋白酶的细菌，将样品经过稀释后在平板培养基上分离可获得细菌的单菌落，将单菌落划线接种于酪素筛选平板上，具有产蛋白酶能力的细菌能水解酪素筛选平板中的酪蛋白生成酪氨酸，结果导致菌落周围出现透明的水解圈，根据平板上水解圈直径和菌落直径的比值（D/d），即可选出能产生较大水解圈的菌株。在此基础上，再进行复筛即摇瓶发酵培养后，通过测定发酵液中蛋白酶活力即可最终确定高产蛋白酶的菌株。

（三）器具材料

药品及试剂：豆豉样品（制曲阶段及发酵阶段），福林酚试剂，0.4 mol/L Na$_2$CO$_3$溶液，0.4 mol/L 三氯乙酸溶液，pH 为 7.5 的磷酸缓冲液，10 g/L 酪素溶液，100 µg/L 酪氨酸溶液等。

营养肉汤培养基（NB）：配方见附录Ⅱ。

酪素筛选培养基：干酪素 1.0%，牛肉浸粉 0.3%，K$_2$HPO$_4$ 0.2%，溴百里香酚蓝 0.005%，琼脂粉 2.0%，pH 7.4。

发酵培养基：干酪素 0.5%，葡萄糖 0.1%，酵母浸粉 0.1%，K$_2$HPO$_4$ 0.4%，KH$_2$PO$_4$ 0.05%，MgSO$_4$ 0.01%，pH 7.4。

仪器及其他用品：pH 计，恒温培养箱，恒温振荡器，可见光分光光度计，水式恒温培养箱，高压蒸汽灭菌锅，恒温水浴锅，台式离心机，超净工作台，电炉，电热鼓风干燥箱，电子天平等。

（四）操作步骤

（1）采集制曲阶段第 4 d 和发酵阶段第 4 d 的豆豉各 1 g，分别定容于 10 mL 生理盐水中，漩涡振荡 30 min。

（2）采用平板稀释法，各取不同稀释度菌液 100 μL 涂布在酪素筛选培养基上，在 36℃下培养 48 h，挑出能产生水解圈的菌落，在平板上重复划线 3 次以上，直到得到单菌落。

（3）将纯化的单菌落用点接法点接到酪素筛选培养基中，仔细挑选那些水解圈清晰、水解圈直径与菌落直径比值（D/d）较大的菌落，依次进行编号并对数据进行记录。

（4）将步骤（3）中所获得的菌株接种到营养肉汤培养基中，在 36℃、170 r/min 下摇床培养 24 h。

（5）吸取步骤（4）培养好的菌液 1 mL 放到含 50 mL 发酵培养基的 250 mL 锥形瓶中，菌液的装液量为 50 mL，在 36℃下振荡培养 48 h，于转速 10 000 r/min 下离心 10 min，取上清液，采用福林酚法测定该菌株蛋白酶的活力，每个样 3 次重复，取平均值进行记录（表 2-2）。

表 2-2　蛋白酶产生菌筛选结果

项目	菌株编号				
	1 号	2 号	3 号	4 号	…
菌落直径 /mm					
水解圈直径 /mm					
水解圈直径 / 菌落直径					
酶活力 /（U/L）					

（五）注意事项

（1）为保证实验结果精确，实验日期应尽量接近豆豉样品的取样日期，采样后样品应尽快置于 4℃冰箱中。

（2）运用福林酚法测定酶活力时，上清液应与 Na_2CO_3 溶液充分混合均匀后，再加入福林酚试剂。

（六）思考题

（1）水解圈法筛选蛋白酶菌株的原理是什么？

（2）为什么要以水解圈直径与菌落直径的比值（D/d）作为筛选指标？

实验2-1-6　产漆酶真菌菌株的筛选

（一）实验目的

（1）以白腐菌为例，学习真菌中生产菌株的筛选。

（2）熟悉漆酶的结构性质，了解漆酶的应用领域与开发前景。

（二）实验原理

白腐菌能够分泌胞外氧化酶降解木质素，被认为是最主要的木质素降解微生物。木质素降解酶系主要包括三部分：木质素过氧化物酶（Lip）、锰过氧化物酶（MnP）及漆酶（Lac）。由于漆酶能把分子氧直接还原为水，与其他木质素降解酶相比，具有更大的实际应用价值。漆酶是一种含铜多酚氧化酶，分子质量在 $64\sim390$ kDa。由于漆酶能氧化与木质素有关的酚类和非酚类化合物，还可氧化高度难降解环境污染物，因此在食品工业、制浆和造纸工业、纺织工业、土壤的生物修复等领域具有广泛的应用前景。由于木质素结构复杂，可选用木质素类典型化合物，如香草酸、愈创木酚、苯酚、磷甲基苯酚等作为漆酶产生菌筛选的唯一碳源，如选用相对便宜的愈创木酚为唯一碳源的筛选培养基，从土壤中分离就可以筛选出产漆酶的木质素降解菌。菌种筛选时，由于漆酶可以使无色的愈创木酚氧化为褐色，因此根据愈创木酚平板变色圈的大小来筛选漆酶高产菌株。

对于白腐菌来说，变色圈的形成有两种：一种是变色圈在菌丝的外圈，此时菌丝圈直径与变色圈直径比值小于1；另一种是变色圈在菌丝的内圈，此时菌丝圈直径与变色圈直径比值大于1。Ander 和 Eriksson 等的实验表明，菌丝圈与变色圈直径的比值可作为判断该菌是否能选择性降解木质素的依据，比值小于1则说明该菌能选择性降解木质素；比值大于1则说明首先降解纤维素。由于选择性降解木质素的菌株在制浆造纸等行业更显优势，故本实验主要是筛选选择性降解木质素的菌株。

（三）器具材料

药品及试剂：深层有机土样，蒸馏水等。

改良 PDA 培养基：去皮马铃薯 200 g，葡萄糖 20 g，KH_2PO_4 3 g，$MgSO_4 \cdot 7H_2O$ 1.5 g，维生素 B_1 1 mg，琼脂 15 g，pH 6.0，蒸馏水 1000 mL。

筛选培养基：愈创木酚 1 g，酒石酸钾 0.1 g，蛋白胨 2.6 g，$MgSO_4 \cdot 7H_2O$ 0.5 g，KH_2PO_4 1 g，NaH_2PO_4 0.5 g，琼脂 15 g，蒸馏水 1000 mL。

仪器及其他用品：电子天平，磁力搅拌器，高压蒸汽灭菌锅，超净工作台，恒温培养箱，恒温摇床，冰箱，纯水机，移液器，打孔器，培养皿（洗净烘干），锥形瓶（150 mL，250 mL），配套封口膜（配棉绳或橡皮筋）或硅胶塞若干，15 mL 试管及配套硅胶塞（或试管帽、棉塞等），玻璃棒，玻璃珠，标签纸，记号笔，1000 mL 烧杯，50 mL 量筒，药匙，称量纸等。

（四）操作步骤

（1）准备待用器皿，配制培养基，同时准备在 150 mL 锥形瓶加入 45 mL 蒸馏水，加入适量玻璃珠。以上材料 121℃灭菌后备用。

（2）将土样放入装有玻璃珠的锥形瓶中，轻轻晃动锥形瓶，用玻璃珠打碎土粒，静置 30 min，获得土壤浸提液。

（3）用接种环蘸取土壤浸提液，在选择性培养基上连续划线，28℃培养 2~3 d。每天观察一次平板，至出现褐色菌斑为止，挑取菌丝，接种于斜面上 28℃培养 2 d 后，置于 4℃冰箱保存备用。

（4）重新培养入选的菌株，每个菌株接种一个改良 PDA 平板，生长至覆盖整个平板为止。用无菌打孔器打取直径为 0.3 mm 的菌块，接种到筛选平板上，每个菌株做 3 个重复，在 30℃条件下培养 7 d。

（5）观察菌落周围棕红色变色圈的形成情况，挑选变色圈在菌丝外围形成的菌株，并测量记录菌丝直径（d）、变色圈直径（D）及计算两者比值（D/d），根据所产生变色圈的大小及变色程度选出 D/d 的值较小且生活力较高的菌株接种于改良 PDA 斜面，28℃培养后保存于 4℃冰箱中备用。

（6）将筛选出的菌株采用改良 PDA 平板培养，待长满平板后，用无菌打孔器打下培养好的菌落，接入 PDA 液体培养基中，每瓶接种 3 个菌块，（25±1）℃下 120 r/min 恒温振荡培养。

（7）每天取样一次，经 8 层纱布过滤，4℃、6000 r/min 离心 10 min，取上清液，用于漆酶活性测定。测定方法：采用 ABTS 方法。总反应体系 3 mL 中含 0.5 mol/L 2,2-联氮-二（3-乙基苯并噻唑-6-磺酸）二铵盐（ABTS）溶液 0.2 mL，0.1 mol/L 乙酸钠缓冲液（pH 4.5）2.7 mL，酶液 0.1 mL 启动反应。测定反应前 3 min 反应液在 420 nm 处的光密度值增加量，以煮沸灭活 15 min 的酶液作为对照［每分钟使 1 μmol/L ABTS 转化所需的酶量为一个活力单位（U）］，取酶活力高的菌株培养后 4℃保存。

（五）注意事项

（1）配制改良 PDA 培养基所用的土豆应去皮，避免带入杂质，产生泡沫。

（2）根据筛选目的菌的种类不同，可在富集培养基或筛选培养基中添加一定的抗生素，如筛选霉菌时，可在培养基中加入四环素等抗生素抑制细菌，使霉菌在样品中的比例提高，以便于分离到所需的菌株；分离放线菌时，在样品悬浮液中加入 10 滴 10% 的酚或加青霉素（抑制革兰氏阳性菌）、链霉素（抑制革兰氏阴性菌）各 30~50 U/mL，以及丙酸钠 10 pg/mL（抑制霉菌类）抑制霉菌和细菌的生长。

（3）实验目标可根据学生基础进行适当调整，部分实验环节可让学生在课余时间以学生课题的形式完成，并继续进行后续菌株的鉴定。

（六）思考题

（1）实验步骤大体可分为哪几部分？你认为其中哪部分对筛选效果的影响最大？

（2）若实验没有获得有效的漆酶生产菌株，你认为可能的原因有哪些？

第二节　诱　变　育　种

诱变育种就是以人工手段诱发微生物基因突变，改变遗传结构和功能，进而从变异体中选育出产量高、性状优的适合工业化生产的菌种的一项综合技术。诱变育种中需要同时找出发挥这个突变株优势的最佳培养基和培养条件，使其在最适的环境条件下合成有效产物。

诱变育种工作包括诱发突变、突变株的筛选和高产突变株最佳环境条件的调整。诱发突变包括出发菌株、诱变剂及其剂量的选择、影响诱变效果的因素；突变株的筛选包括筛选条件（培养基和培养条件）及选择一个简便、快速、有效的筛选方法；环境条件的调整则是调整突变株的最佳培养条件。以上是决定诱变育种成败的三个方面，在育种开展前应根据实验目的围绕这三个方面制订实验方案。

实验2-2-1　洁霉菌的紫外线诱变

（一）实验目的

（1）学习单孢子悬液制备方法，理解并掌握紫外线诱变育种的操作技术的原理和方法。

（2）通过实验计算出不同照射时间的死亡率，客观评价不同照射剂量的诱变效果。

（二）实验原理

在常用的诱变育种方法中，紫外线诱变由于具有操作方便、突变率高等特点，被广泛应用于多种生产菌种的改造与优选。

紫外线是波长短于可见光的射线，波长为136～390 nm，对诱变有效的是200～300 nm 的紫外线，其中又以260 nm 处的紫外线效用最大。一般诱变选用15 W 低功率紫外线灯作为射线来源，因为这种低功率紫外线灯发射的光谱集中在253 nm，易被核酸吸收，导致较高的诱变频率，是比较有效的诱变作用光谱。如用高功率紫外线灯，则放出的光谱分布比较平均，范围太大，诱变效果不如低功率紫外线灯好。

在处理菌种时常用死亡率的大小来间接了解诱变率的高低，因为菌种的死亡率和诱变率之间有一定的相应关系，而在实验中测出死亡率所用的时间比较短，能较早了解照射剂量是否适合，以便及早调整。

一般照射剂量与波长、照射时间有关，所以可以改变上述因素来调整照射剂量的大小，以达到较大的诱变率，提高得到高产菌种的概率。

本实验采用固定波长（用 15 W 灯管）、固定照射距离（30 cm），通过不同的照射时间的处理对比，观察诱变效果的差异。

（三）器具材料

药品及试剂：洁霉菌单孢子悬浮液，高氏 1 号培养基（已灭菌，配方见附录 Ⅱ），4.5 mL 无菌水试管（16 支），30 mL 无菌水（150 mL 锥形瓶中加 30 mL 自来水，经湿热灭菌）等。

仪器及其他用品：无菌脱脂棉，漏斗，洁霉菌孢子瓶（250 mL 锥形瓶，30 mL 固体培养基）1 只，玻璃仪器（直径 9 cm 的培养皿，1 mL 吸管，5 mL 吸管，玻璃涂布棒，均已干热灭菌；玻璃珠、锥形瓶，均已湿热灭菌）等，紫外照射箱（装有 15 W 紫外线灯管及磁力搅拌器的带有样品进出口的封闭装置，灯管与磁力搅拌器的距离，即照射距离为 30 cm）。

（四）操作步骤

实验前准备：取已培养好的洁霉菌孢子瓶（250 mL 锥形瓶，30 mL 固体培养基）1 只，加入 30 mL 无菌水（150 mL 锥形瓶中加 30 mL 自来水，经湿热灭菌），把孢子轻轻刮下，将其倒入已湿热灭菌的盛有数十粒玻璃珠的 150 mL 锥形瓶中，振荡 20 min，用湿热灭菌的带有无菌脱脂棉的漏斗过滤，即得分散较好的单孢子悬浮液。

（1）倒平板：在 6 只直径为 9 cm 的培养皿中，每只倒入分离培养基 15 mL 左右，注意铺平，冷却后备用。

（2）紫外线照射：吸取单孢子悬浮液 5 mL 于已灭菌的直径为 9 cm 的培养皿中进行紫外线照射。

本次实验采取照射 20 s 和 40 s 两组。将装有单孢子悬浮液的培养皿放入紫外照射箱中，首先打开磁力搅拌器，然后打开培养皿盖，最后将紫外线灯打开，开始计时。照射结束，关闭紫外线灯，将培养皿盖上，从紫外照射箱中取出。

（3）稀释：吸取 0.5 mL 单孢子悬浮液，放入 4.5 mL 的无菌水中，摇匀（作为 10^{-1} 稀释度），依次稀释到所需稀释度。本实验对照组（未经照射的原单孢子悬浮液）稀释至 10^{-6} 稀释度；照射 20 s 的稀释至 10^{-5} 稀释度；照射 40 s 的稀释至 10^{-4} 稀释度。

（4）分离：将上述稀释好的液体各吸取 0.1 mL 放入培养基已冷却凝固的培养皿中（对照、照射 20 s 和照射 40 s 的各做 2 个培养皿，即每组共做 6 个），然后用玻璃涂布棒将稀释液均匀涂遍整个培养皿，贴好标签后，将培养皿倒置放入 28℃ 恒温培养箱中，培养 7 d。

（5）计数：培养 7 d 后计数。在培养好的培养皿中进行菌落计数，取平均值，并计算出未稀释前的单孢子悬浮液中的活孢子浓度。

（6）计算出不同照射时间的死亡率，并对结果进行记录（表 2-3）。

将同一稀释度的 2 个培养皿中菌落的平均数 ×10（因为在涂培养皿时每个培养皿只吸取 0.1 mL）× 稀释倍数，即为活孢子浓度（个 /mL）。

表 2-3　紫外线对微生物死亡率的影响

| 照射时间 /s | 稀释倍数 | 菌落数 /（个 /0.1 mL） | | | 平均值 /（个 / mL） | 死亡率 /% |
		第一组	第二组	…		
0						
20						
40						

（五）注意事项

（1）若没有紫外照射箱，也可以用超净台紫外线灯代替，实验效果基本相同。

（2）诱变时若要获得较高准确率数据，避免诱变后出现光复活现象，可在稀释及涂布时使用红光源，恒温培养箱培养时则应注意保持黑暗无光。

（六）思考题

（1）紫外线为什么能用来作为诱变剂？其原理是什么？

（2）诱变作用的强弱如何判断？

（3）为了使紫外线照射均匀，本实验采取了哪些措施？

（4）无菌操作的关键是什么？本次实验哪些步骤易产生误差，如何克服？

实验2-2-2　芽孢杆菌的微波诱变

（一）实验目的

掌握微波诱变的原理和方法。

（二）实验原理

微波作为一种高频电磁波，能刺激水、蛋白质、核酸、脂肪和糖类等极性分子快速震动。在 2450 MHz 频率作用下，水分子能在 1 s 内 180° 来回震动 2.45×10^9 次，这种震动能引起胞内 DNA 分子间强烈摩擦，DNA 分子氢键和碱基堆积力受损，使 DNA 结构发生变化，从而发生遗传变异。微波具有传导作用和极强的穿透力，在引起细胞壁分子间强烈震动和摩擦时，改变细胞壁通透性，使细胞内含物迅速向胞外渗透。在实验中，究竟是微波辐射直接作用于微生物 DNA 引起变异，还是其穿透力使细胞壁通透性增加，导致核质变换而引起突变，目前尚不明了，有待进一步研究。

一般认为诱变致死率只与诱变剂量有关，而在微波诱变中发现单孢子悬液水浴辐照处理 180 s 致死率达 95% 以上，因此认为致死率不仅受辐照剂量的影响，还受瞬时强烈热效应的影响，直接辐射处理时，微波引起分子间强烈震动和摩擦产生热能，导致微生物在接受足够造成突变的照射量之前，由于蛋白质变性、酶失活而使孢子死亡、致死率增大。

本实验采用固定频率（2450 MHz）、固定功率（700 W），但辐照时间不同的微波处理孢子悬浮液，对比观察诱变效果的差异。

（三）器具材料

药品及试剂：地衣芽孢杆菌单孢子悬浮液，无菌生理盐水等。

分离培养基：牛肉膏 10 g，蛋白胨 5 g，NaCl 5 g，酪蛋白 10 g，琼脂 15 g，蒸馏水定容至 1 L，pH 7.0～7.2。

仪器及其他用品：恒温培养箱，微波炉，培养皿，锥形瓶（含玻璃珠），移液管，玻璃涂布棒，直尺和旋转式摇床等。

（四）操作步骤

实验前准备：制备单孢子悬液。

取恒温培养箱内 30℃下培养 2 d 的菌种斜面，倒入 10 mL 无菌生理盐水，用无菌接种针洗下孢子，置于无菌的盛有玻璃珠的锥形瓶中。在 210 r/min 的旋转式摇床上振荡 30 min，使孢子活化和分散，再用无菌孢子过滤器过滤，然后用生理盐水将孢子悬液稀释到 10^3 个 /mL，得单孢子悬液备用。

（1）吸取制得的单孢子悬液，注入底部平整的培养皿中，每个培养皿的悬液量为 10 mL。

（2）调微波炉功率为 700 W，脉冲频率为 2450 MHz，进行辐照处理 10 s、20 s（一般小于 1 min），然后分别从每个培养皿中取出 0.5 mL 的菌悬液，按照实验 2-1-2 的方法适当稀释，得到不同稀释度的菌悬液。

（3）吸取上述稀释后的菌悬液 0.1 mL，涂布分离培养基平板，置于 30℃恒温培养箱培养 3 d。

（4）活菌计数，计算致死率，以分离平板上透明圈直径与菌落直径的比值作为筛选结果的标志，并对相关实验数据进行记录。

（五）注意事项

微波诱变处理时，应该严格控制诱变时间，避免时间过长造成菌群大范围失活。

（六）思考题

（1）微波诱变的内在机制是什么？

（2）若微波诱变与紫外线诱变一并进行，更容易筛选优良性状的生产菌株吗?

实验2-2-3　曲霉菌的亚硝基胍诱变

（一）实验目的

（1）观察亚硝基胍对黑曲霉（米曲霉）的诱变效应。
（2）初步学习并熟悉化学因素诱变育种的方法。

（二）实验原理

　　亚硝基胍（1-methyl-3-nitro-1-nitroso-guanidine，NTG）属烷化剂，而烷化剂是一类相当有效的化学诱变剂，这类诱变剂具有 1 个或多个活性烷基，它们易取代 DNA 分子中活泼的氢原子，使 DNA 分子上的碱基及磷酸部分烷基化，DNA复制导致碱基配对错误而引起突变。

　　一般来说，NTG 处理导致的突变率比其他诱变手段高，易获得高产突变株。NTG 是公认的一种超诱变剂，可以在较小的致死率对应的剂量处理后获得较大的突变幅度及突变率，对于细菌、酵母菌、黑曲霉、天蓝色链霉菌的诱变效果尤为显著。故在生产与实验中常用 NTG 进行菌种诱变，在此基础上对诱变株进行筛选。

（三）器具材料

　　药品及试剂：黑曲霉（产糖化酶）或米曲霉（产蛋白酶）斜面，亚硝基胍，0.1 mol/L 磷酸盐缓冲液（pH 6.0），无菌水，察式培养基（配方见附录Ⅱ）等。
　　仪器及其他用品：分析天平，滤纸漏斗，试管，培养皿，培养箱等。

（四）操作步骤

　　（1）单孢子菌液的制备：孢子斜面加 pH 6.0 的磷酸盐缓冲液 10 mL，洗入锥形瓶（内放玻璃珠），振荡 20 min，滤纸过滤，得孢子悬浮液。

　　（2）亚硝基胍溶液配制：称取 NTG 结晶 10 mg，加助溶剂甲酰胺 0.05 mL，加 pH 6.0 的磷酸盐缓冲液或 Tris 缓冲液，配成 4000 μg/mL 的原液。

　　（3）诱变处理：吸取亚硝基胍溶液 1 mL，加入 1 mL 孢子悬浮液，30℃振荡30 min，立即稀释 1000 倍停止作用，然后以 10^{-2}、10^{-4} 稀释度分离培养，30℃培养 2 d 后计数。

　　（4）死亡率计算：将未处理孢子悬浮液 1 mL 加入 1 mL 磷酸盐缓冲液，同处理液一样做逐级稀释分离，30℃培养 3 d 后计数，根据处理前后的活孢子数可计算死亡率。

　　（5）挑取菌落进行糖化酶或蛋白酶产量的筛选。

（五）注意事项

（1）NTG 为"三致"（致突变、致癌、致畸）药品，不要与肌肤接触，用后的物品要放入相同当量的 NaOH 溶液中浸泡操作。最好在密闭环境中进行，操作时要有专用的移液器、试管等。操作时最好有两人，都要戴好口罩和乳胶手套，其中一人帮忙开门和取用器具。操作结束后的试液和锥形瓶等用碱液浸泡。NTG 诱变所有的用具应是一次性的，但不能随便丢弃。

（2）整个操作过程应在无菌条件下进行，若需要取得更佳的实验效果，诱变时应避免白光的照射。

（六）思考题

（1）亚硝基胍的诱变原理是什么？
（2）为什么要用缓冲液来制备菌悬液？
（3）如何终止亚硝基胍的诱变作用？

实验2-2-4　　多黏杆菌的高通量诱变筛选

（一）实验目的

（1）了解高通量筛选的原理及意义，熟悉高通量诱变筛选的操作流程。
（2）了解当前抗生素发酵菌种选育的基本现状。

（二）实验原理

诱变育种过程中，突变是随机的，诱变产生高产突变株的频率很低，初筛的菌株越多，就越有可能筛选到优良菌株。因此扩大筛选量是提高育种效率的一个重要方面，在筛选工作中建立一个简便、快速而又较准确的检测方法显得非常重要。

目前，在抗生素发酵工业中，由于抗生素的发酵单位与其对敏感菌的抑菌活性存在正相关性，通过测定发酵液对检定菌的抑菌活性即可快速地测定菌株产抗生素的能力。通常采用平板扩散法的形式，通过测定所产生的抑菌圈大小来衡量抗生素的抑菌活性，从而间接得到该抗生素的发酵效价。然而，当需要筛选大量菌株时，平板扩散的生物测定法仍需耗费大量人力、物力和时间，无法满足高通量筛选及标准化检测的需求。

近年来，以微孔板为操作平台的微生物培养及产物测定方法的建立，为菌种选育过程中实现高通量筛选提供了可能，从而得到了科研工作者的重视。微孔板体系的菌株筛选方法与平板琼脂扩散法相比具有很大的优势：首先，微孔板筛选体系具有微型化、平行化的特点，能同时处理多个样品且能大大节省人力、物力及时间。其次，微孔板液体培养能很好地模拟摇瓶液体发酵，每个微型孔相当于一个摇瓶，两者培养参数有很好的相似性，因此微孔板培养体系有很好的放大效应；而平板琼脂扩散法中采用固体培养方法，与液体培养存在很大的差异，易造成漏筛或错筛。再次，高通量检测仪（如微孔板分光光度计）及多孔道移液装置的出现，实现了对大量样品快速而又准确的检测。本实验通过建立一套完整的高通量筛选流程，对多黏菌素 E 高产诱变菌株进行了高通量筛选。

（三）器具材料

药品及试剂：多黏菌素 E 产生菌——多黏杆菌（*Paenibacillus polymyxa*），生物检定菌——大肠杆菌（*Escherichia coli*），磷酸盐缓冲液（0.1 mol/L，pH 6.0），NTG（5 mg/mL），多黏菌素 E 标准品。

基础筛选培养基：葡萄糖 5 g，酵母粉 1 g，牛肉粉 1 g，KH_2PO_4 0.1 g，NaCl 0.5 g，$MgSO_4$ 0.01 g，琼脂 15 g，蒸馏水 1000 mL。

斜面培养基：葡萄糖 1 g，$(NH_4)_2SO_4$ 1 g，柠檬酸钠 1 g，KH_2PO_4 1 g，$MgSO_4$ 0.125 g，琼脂 15 g，蒸馏水 1000 mL。

种子培养基：葡萄糖 25 g，酵母粉 5 g，牛肉粉 5 g，KH_2PO_4 0.8 g，NaCl 2.5 g，K_3PO_4 0.8 g，$MgSO_4$ 0.01 g，琼脂 15 g，蒸馏水 1000 mL。

发酵培养基：可溶性淀粉 50 g，葡萄糖 15 g，KH_2PO_4 0.8 g，NaCl 1.0 g，$MgSO_4$ 0.25 g，$CaCO_3$ 10 g，琼脂 15 g，蒸馏水 1000 mL。

MH 培养基：即 Mueller Hinton 培养基，配方见附录Ⅱ。

仪器及其他用品：离心机，微孔板摇床，微孔板分光光度计，12 孔道排枪，12 孔道接种针，玻璃涂布棒，摇瓶，接种环等。

（四）操作步骤

（1）诱变育种：将制备好的多黏杆菌悬液用磷酸盐缓冲液稀释至 10^8 CFU/mL，取 2 mL 与 0.2 mL 浓度为 5 mg /mL 的 NTG 混合，30℃振荡处理 60 min，稀释涂布于含多黏菌素 E 标准品 500 mg / L 的基础筛选平板上，置于 30℃恒温培养箱中，培养 30 h。

（2）96 微孔板培养：于无菌 96 微孔板各孔中加入 200 μL 斜面培养基，待凝固后，将诱变平板上长出的单菌落转接于各孔中，置 30℃恒温培养 24～28 h。采用 12 孔道排枪将 96 微孔板上长出的单菌落接种于装有 500 μL 发酵培养基的 96 微孔板上，于 30℃、300 r/min 微孔板摇床培养 32 h，同时将原孔板上的菌落转接于另一微孔板上，同样条件下培养后作为备份。在无菌条件下，将培养后发酵液于 4800 r/min 离心 10 min，得到上清液。

（3）96 微孔板生物测定：在 96 微孔板中加入 5 μL 发酵上清液。在每块孔板的空白对照孔中加 300 μL MH 培养基，生长对照孔中加 300 μL 大肠杆菌悬液。经 37℃、200 r/min 培养 12 h 后，采用微孔板读数计测定 600 nm 下各孔培养液的 OD 值。以出发菌株培养液的抑菌活性为参照，即可筛选出阳性突变株。

（4）复筛：根据初筛结果，从保藏孔板上挑取高产单菌落接种至新鲜斜面上。从培养成熟的斜面上接种至种子培养基，待种子长至对数生长期（24 h 左右）时，接入装有 30 mL 发酵培养基的 250 mL 摇瓶，接种量 10%，平行 3 瓶。30℃、300 r/min 培养 32 h 即进行高效液相色谱法（HPLC）产量测定。

（五）注意事项

（1）测量光密度值进行阳性筛选时，应进行多次测定避免偶然误差。

（2）由于实验工作量较大，可作为课外课题组实验，以大组的形式进行实验。

（3）HPLC 仪器的实验可参考生物分离工程实验相关书籍进行学习。

（六）思考题

（1）简述高通量筛选在菌种选育的意义。

（2）你认为在高通量筛选过程的哪些环节中易造成样品的污染？

实验2-2-5　营养缺陷型大肠杆菌的诱变筛选

（一）实验目的

学习用点种法分离筛选营养缺陷型突变株。

（二）实验原理

在以微生物为材料的遗传学研究中，用某些物理因素或化学因素处理细菌，使基因发生突变，丧失合成某一物质（如氨基酸、维生素、核苷酸等）的能力，因而它们不能在基本培养基上生长，必须补充某些物质才能生长。这样从野生型中经诱变筛选得到的菌株，称为营养缺陷型菌株。筛选营养缺陷型菌株必须经过以下几个步骤：诱变处理、淘汰野生型、检出缺陷型、鉴定缺陷型。

就诱变处理的剂量而言，各种微生物的处理最适剂量是不同的，须经预备实验确定。对于大肠杆菌而言，经过诱变处理后，缺陷型数量仍相当少，必须设法淘汰野生型细胞，提高营养缺陷型细胞所占比例，以达到浓缩缺陷型的目的。细菌中常用的浓缩法是青霉素法。青霉素是杀菌剂，它只杀死生长的细胞，对不生长的细胞没有致死作用。所以在含有青霉素的基本培养基中野生型能生长而被杀死，缺陷型不能生长被保存得以浓缩。

检出缺陷型的方法有逐个测定法、夹层培养法、限量补给法、影印培养法。本实验则以逐个测定法（点接法）进行检验，即把经过浓缩的缺陷型菌液接种在完全培养基上，待长出菌落后将每一菌落分别接种在基本培养基和完全培养基上，凡是在基本培养基上不能生长而在完全培养基上能长的菌落就是营养缺陷型。

（三）器具材料

药品及试剂：野生型大肠杆菌，青霉素钠盐等。

营养肉汤培养基：配方见附录Ⅱ。

加倍营养肉汤培养基：牛肉膏 10 g，蛋白胨 20 g，NaCl 10 g，蒸馏水 1 L，pH 7.2。

基本培养基（液体）：Vogel50× 20 mL，葡萄糖 20 g，蒸馏水定容至 1 L，pH 7.0。

基本培养基（固体）：Vogel50× 20 mL，葡萄糖 20 g，琼脂 20 g，蒸馏水定容至 1 L，pH 7.0。

无氮基本液体培养基：葡萄糖 20 g，K_2HPO_4 7 g，柠檬酸钠·$3H_2O$ 5 g，KH_2PO_4 3 g，$MgSO_4$·$7H_2O$ 0.1 g，蒸馏水 1 L，pH 7.0。

加倍氮基本液体培养基：葡萄糖 20 g，K_2HPO_4 7 g，柠檬酸钠·$3H_2O$ 5 g，KH_2PO_4 3 g，$MgSO_4$·$7H_2O$ 0.1 g，硫酸铵 2 g，蒸馏水 1 L，pH 7.0。

完全培养基：配方见附录Ⅱ

注：基本培养基中的 Vogel50×（即浓缩 50 倍）——$MgSO_4$·$7H_2O$ 10 g，柠檬酸 100 g，KH_2PO_4·$2H_2O$ 599.88 g，K_2HPO_4·$3H_2O$ 656.31 g，$NaNH_4HPO_4$·$4H_2O$ 175 g，蒸馏水 1 L。

仪器及其他用品：紫外照射箱，吸管，培养皿，试管，接种针，离心机，移液器，恒温培养箱等。

（四）操作步骤

1）制备菌液

（1）实验前 14～16 h，挑取少量 K12SF 菌，接种于盛有 5 mL 营养肉汤培养基的锥形瓶中，37℃培养过夜。

（2）第 2 d 添加 5 mL 新鲜的营养肉汤培养基，充分混匀后，分装 2 只锥形瓶，继续培养 5 h。

（3）将 2 只锥形瓶的菌液分别倒入离心管中，离心（3500 r/min，10 min）。

（4）倒去上清液，打匀沉淀，其中一管吸入 5 mL 生理盐水，然后倒入另一离心管，两管并成一管。

2）诱变处理

（1）吸上述菌液 3 mL 于培养皿内，将培养皿放在 15 W 的紫外线灯下，距离 30 cm。

（2）处理前先开紫外线灯稳定 30 min，将待处理的培养皿连盖放在灯下灭菌 1 min，然后开盖处理 1 min。照射完毕先盖上皿盖，再关紫外线灯。

（3）吸 3 mL 加倍营养肉汤培养基到上述处理后的培养皿中。置 37℃恒温培养箱内，避光培养 12 h 以上。

3）青霉素法淘汰野生型

（1）吸 5 mL 处理过的菌液于已灭菌的离心管，离心（3500 r/min，10 min）。

（2）倒去上清液，打匀沉淀，加入生理盐水，离心洗涤 3 次，加生理盐水到原体积。

（3）吸取经离心洗涤的菌液 0.1 mL 于 5 mL 无氮基本液体培养基，37℃培养 12 h。

（4）培养 12 h 后，按 1∶1 加入加倍氮基本液体培养基 5 mL，称取青霉素钠盐，使青霉素在菌液中的最终浓度约为 1000 U/mL，再放入 37℃恒温培养箱中培养。

（5）先从培养 12 h、16 h、24 h 的菌液中各取 0.1 mL 菌液倒在两个灭菌培养皿中，再分别倒入经熔化并冷却到 40～50℃的基本培养基及完全培养基上，摇匀放平，待凝固后，放入 37℃培养箱中培养（培养皿上注明取样时间）。

4）缺陷型的检出

（1）以上平板培养 36～48 h 后，进行菌落计数。选用完全培养基上长出的菌落数大大超过基本培养基的那一组，用接种针挑取完全培养基上长出的菌落 80 个，依次接种于基本培养基与完全培养基平板上，置于 37℃培养箱培养。

（2）培养 12 h 后，选在基本培养基上不生长、而在完全培养基上生长的菌落，再在基本培养基的平板上划线，37℃恒温培养箱培养，24 h 后不生长的可能是营养缺陷型。重复划线 2～3 次后，挑取不生长的菌株则基本初步筛选出营养缺陷型菌株。

（五）注意事项

（1）诱变处理时应按不同的处理菌而有所区别，最适宜的诱变剂量可通过预实验确定。

（2）浓缩缺陷型的筛选方法包括青霉素法、菌丝过滤法、差别杀菌法、饥饿法等，这些方法适用于不同类型的微生物，本实验则采用青霉素法富集筛选细菌。

（六）思考题

为什么营养缺陷型菌株的筛选前要进行诱变处理？

第三节　其他常见育种技术

自 20 世纪以来，伴随着科技的发展，一些较新型的生物技术也开始应用于微生物菌种的遗传选育工作中，其中较常见的为原生质体育种及基因工程育种技术，本节通过选取几个实验来对这两种代表性育种技术进行简要介绍，读者可结合细胞生物学及分子生物学背景知识，预先进行了解学习。

实验2-3-1　芽孢杆菌的原生质体融合育种

（一）实验目的

（1）了解原生质体融合技术的原理。

（2）掌握细菌原生质体的融合技术。

（二）实验原理

原生质体是指脱去细胞壁后由细胞膜包围着的球状细胞。获得有活力、去壁较为完全的原生质体对于原生质体融合和原生质体再生是非常重要的。原生质体融合技术广泛应用于真核细胞 DNA 的转化、诱变育种、脉冲电泳及研究细胞的结构域功能。原生质体融合技术是将双亲株的微生物细胞分别通过酶解脱壁，在融合剂的作用下，促使原生质体聚集、凝集，进而发生融合达到基因重组的目的。原生质体融合技术包括几个重要的环节。

（1）选择亲本：选择两个具有育种价值并带有选择性遗传标记的菌株作为亲本。

（2）制备原生质体：经溶菌酶除去细胞壁，释放出原生质体，并置高渗液中维持其稳定。

（3）促融合：将聚乙二醇（PEG）加入原生质体以促进融合，PEG 为一种表面活性剂，能强制性地促进原生质体融合。在有 Ca^{2+}、Mg^{2+} 存在时，更能促进融合。

（4）原生质体再生：原生质体已失去细胞壁，虽有生物活性，但在普通培养基上不生长，必须涂布在再生培养基上，使之再生。

（5）检出融合子：利用选择培养基上的遗传标记，确定是否为融合子。

（6）融合子筛选：产生的融合子中可能有杂合双倍体和单倍重组体等不同的类型，前者性能不稳定，要选出性能稳定的单倍重组体，反复筛选出生产性能良好的融合子。

（三）器具材料

药品及试剂：菌种（枯草芽孢杆菌 T4412 ade-his-、枯草芽孢杆菌 TT2 ade-pro-），0.1 mol/L 磷酸盐缓冲液（pH 6.0），高渗缓冲液，原生质体稳定液（SMM），促融合剂（PEG 溶液），溶菌酶液等。

完全培养基（CM，液体和固体）：配方见附录Ⅱ。

补充基本培养基：基本培养基（配方见实验 2-2-5）中加 20 g/mL 腺嘌呤及 2% 纯化琼脂，75 Pa 灭菌 20 min。再生补充基本培养基（SMR）：在补充基本培养基中加 0.5 mol/L 蔗糖溶液，1.0% 纯化琼脂作上层平板，2.0% 纯化琼脂作底层平板，75 Pa 灭菌 20 min。

酪蛋白培养基（测蛋白酶活性用）：牛肉膏 0.3 %，酪蛋白 1.0 %，琼脂 2.0 %，NaCl 0.5 %，pH 7.6～7.8，121℃灭菌 20 min。

仪器及其他用品：培养皿，移液管，试管，容量瓶，锥形瓶，烧杯，离心管，吸管，显微镜，台式离心机，比色计，细菌过滤器等。

（四）操作步骤

1）原生质体的制备

（1）培养枯草芽孢杆菌：取亲本菌株 T4412、TT2 新鲜斜面分别接一环到装有液体完全培养基的试管中，36℃振荡培养 14 h，各取 1 mL 菌液转接入装有 20 mL 液体完全培养基的 250 mL 锥形瓶中，36℃振荡培养 3 h，使细胞生长进入对数前期，各加入 25 U/mL 青霉素，使其终浓度为 0.3 U/mL，继续振荡培养 2 h。

（2）收集细胞：各取菌液 10 mL，4000 r/min 离心 10 min，弃上清液，将菌体悬浮于磷酸盐缓冲液中，离心。如此洗涤两次，将菌体悬浮于 10 mL SMM 中，以每毫升含 $10^8 \sim 10^9$ 个活菌为宜。

（3）总菌数测定：各取菌液 0.5 mL，用生理盐水稀释，取稀释度为 10^{-5}、10^{-6}、10^{-7} 菌液各 1 mL（每稀释度做两个平板），倾注完全培养基，36℃培养 24 h 后计数。此为未经酶处理的总菌数。

（4）脱壁：取两株亲本菌株菌悬液各 5 mL，加入 5 mL 溶菌酶溶液，溶菌酶浓度为 100 μg/mL，混匀后于 36℃水浴保温处理 30 min，定时取样，镜检观察原生质体形成情况，当 95% 以上细胞变成球状原生质体时，4000 r/min 离心 10 min，弃上清液，用高渗缓冲液洗涤除酶，然后将原生质体悬浮于 5 mL 高渗缓冲液中，立即进行剩余菌数的测定。

（5）剩余菌数测定：取 0.5 mL 上述原生质体悬液，用无菌水稀释，使原生质体裂解死亡，吸取稀释度为 10^{-2}、10^{-3}、10^{-4} 的稀释液各 0.1 mL，涂布于完全培养基平板上，36℃培养 24～48 h，生长出的菌落应是未被酶裂解的剩余细胞。计算酶处理后的剩余细胞数，并分别计算两亲株的原生质体形成率。

$$原生质体形成率 = \frac{未经酶处理的总菌数 - 酶处理后剩余细胞数}{未经酶处理的总菌数}$$

2）原生质体再生　　用双层培养法，先倒未经酶处理的总菌数再生补充基本固体培养基（SMR）作底层，取 0.5 mL 原生质体悬液，用 SMM 做适当稀释，取稀释度为 10^{-3}、10^{-4}、10^{-5} 稀释液各 1 mL，加入底层平板培养基的中央，再倒入上层再生补充半固体培养基混匀，36℃培养 48 h。分别计算两亲株的原生质体的再生率，并计算其平均数。

3）原生质体融合　　取两个亲本的原生质体悬液各 1 mL 混合，放置 5 min 后，2500 r/min 离心 10 min，弃上清液。于沉淀中加入 0.2 mL SMM 混匀，再加入 1.8 mL PEG 溶液，轻轻摇匀，置 36℃水浴保温处理 2 min，2500 r/min 离心 10 min，收集菌体，将沉淀充分悬浮于 2 mL SMM 中。

4）检出融合子　　取 0.5 mL 融合液，用 SMM 做适当稀释，取 0.1 mL 菌液与灭菌并冷却至 50℃的再生补充基本培养基软琼脂混匀，迅速倾入底层为再生补充基本固体培养基的平板上，36℃培养 2 d，检出融合子，转接传代，并进行计数，计算融合率。

5）融合子的筛选　　挑选遗传标记稳定的融合子，凡是在再生补充基本培养基平板上长出的菌落，初步认为是融合子，可接入酪蛋白培养基平板上，再挑选蛋白酶活性高于亲本的融合子。

（五）注意事项

（1）为获得更好的杂种优势后代，亲本菌株的选取应遵循"优良性状不同、遗传背景相似"两大原则。

（2）由于原生质体融合后会出现两种情况：一种是真正的融合，即产生杂核二倍体或单倍重组体；另一种只发生质配，而无核配，形成异核体。两者都能在再生补充基本固体培养基平板上形成菌落，但前者稳定，而后者则不稳定，后者在传代中将会分离为亲本类型。因此要获得真正融合子，必须进行几代的分离、纯化和选择。

（六）思考题

（1）促融剂起什么作用？真核微生物原生质体融合与原核微生物有无区别？

（2）归纳原生质体形成的再生影响因子有哪些。

实验2-3-2 小单孢菌的原生质体融合育种

（一）实验目的

以小单孢菌为例，了解并掌握稀有放线菌原生质体融合育种的原理及方法。

（二）实验原理

在抗生素发酵工业菌株的改良中，原生质体融合技术是重要的手段之一，是在细胞水平上进行操作的遗传工程。与传统的杂交方法相比，原生质体融合技术不需要昂贵的仪器设备与实验材料，不需要了解双亲的详细生物化学和遗传学背景，不受亲缘关系影响，遗传信息量大，操作无化学毒性，重组频率高，可能有几个亲株进行杂交，比常规诱变育种更具有定向性，因此尤其适用于微生物次级代谢产物产生菌的遗传改造。

自小单孢菌被人们重视以来，越来越多的与其相关的新生物活性物质被找到，其在微生物合成次级代谢产物研究中的地位也愈加重要，小单孢菌属放线菌已成为研究和开发多种抗生素的新菌源。本实验利用原生质体融合技术，以带有稳定遗传标记的亲本为材料，对小单孢菌进行育种。

（三）器具材料

萌芽培养基（GER）：牛肉膏 3 g，可溶性淀粉 24 g，葡萄糖 1 g，酵母膏 5 g，胰蛋白胨 5 g，$CaCO_3$ 2 g，蒸馏水定容至 1 L，pH 7.6。

P 液（MP）：基础液（葡萄糖 103 g，K_2SO_4 0.25 g，$MgCl_2 \cdot 6H_2O$ 5.09 g，微量元素溶液 2 mL，蒸馏水加到 700 mL，pH 7.6，121℃灭菌 15 min）。原液（0.5g/L KH_2PO_4，73.7g/ L $CaCl_2 \cdot 2H_2O$，0.25 mol/L TES，pH 7.6）。使用时将上述 3 种原液各 100 mL 加到 700 mL 基础液中混合均匀即为 P 液。

再生培养基（RM）：蔗糖 125 g，葡萄糖 10 g，L-天冬氨酸 4 g，酪蛋白氨基酸 0.1 g，K_2SO_4 0.25 g，$MgSO_4 \cdot 6H_2O$ 5.09 g，微量元素溶液 1 mL，蒸馏水加至 700 mL，琼脂 20 g，110℃灭菌 15 min。倒平板前，取上述 3 种原液各 100 mL，无菌混入 700 mL RM 中。

PEG 溶液（用 P 液配成 55.6%，过滤除菌），甘氨酸溶液（用蒸馏水配成 10%，过滤除菌），溶菌酶溶液（用 P 液配成 10 mg/mL，过滤除菌），无菌蒸馏水等。

仪器及其他物品：台式振荡器，超声粉碎仪，高速离心机，相差显微镜，血细胞计数器等。

（四）操作步骤

（1）亲株接种 GER，32℃下振荡培养，当细胞生长至对数生长后期（细胞浓度达到菌体干重 5.0～5.5 g/L）时，取 10 mL 培养液加入无菌试管中，100 W 超声粉碎 1 min。

（2）取 1 mL 超声粉碎菌丝片段接种 20 mL 补加了 0.075% 甘氨酸的新鲜 GER，32℃振荡培养。对数生长后期收获细胞后进行系列稀释，涂布 GER 琼脂平板，以测定每毫升中 CFU 数。

（3）用 P 液离心洗涤细胞（5000 r/min，10 min），将细胞沉积，用含 2 mg/mL 溶菌酶的 P 液悬浮并恢复至离心前体积。

（4）32℃水浴锅中孵育 1 h，定时用相差显微镜检查原生质体形成情况，以原生质体形成于 99% 所耗时间记为原生质体化时间。

（5）5000 r/min 离心 10 min 收获原生质体，并用 P 液洗涤 1 次，以 P 液悬浮原生质体并恢复至离心前体积。

（6）用血细胞计数器计数原生质体总数。在补充亲株生长必需因子（以 30 μg/mL 补加，下同）的 RM 上涂布系列稀释液，以确定存活原生质体数，平板在 32℃培养。

（7）原生质体悬浮液用无菌蒸馏水稀释并在 RM 上涂布，以确定非原生质体细胞数。各取 0.5 mL 待融合的原生质体悬液，混合。5000 r/min 离心 10 min 沉淀原生质体去尽上清液，沉积物用 0.1 mL P 液悬浮。

（8）加入 0.9 mL PEG 溶液，轻轻吹吸 2～3 次，以混匀混合液。32℃水浴锅中静置 3 min。

（9）用 P 液适当稀释融合混合物，涂布于补加和未补加营养因子（如氨基酸）的 RM 平板上，于 32℃培养 7～12 d。

（10）对原生质体重组子进行多次分离纯化、保藏及进一步鉴定。

（五）注意事项

（1）实验各环节都应保持无菌操作，以防样品发生污染。

（2）步骤（6）中应保证一定的存活原生质体数，以确保获得一些具有优良性状的重组子。

（六）思考题

查阅资料，比较普通细菌与放线菌在原生质体融合育种操作上的异同点。

实验2-3-3 谷氨酸生产菌的原生质体诱变育种

（一）实验目的

以谷氨酸生产菌为例，了解并掌握原生质体诱变育种的原理与一般方法。

（二）实验原理

我国谷氨酸发酵水平与国外先进水平相比较，在菌种、发酵工艺和提取得率上均有一定差距，选育高产谷氨酸菌株，是提高发酵水平的重要一环。因常规诱变育种提高菌株产酸存在一定困难，故采用原生质体诱变技术提高菌种产酸量作为一种重要途径也日益被人们所重视。相对传统诱变，原生质体诱变相对少了细胞壁的阻隔，大大提高了诱变概率。紫外线诱变的主要作用是使 DNA 双链之间或同一条链上两个相邻的胸腺嘧啶形成二聚体，并阻碍双链的分开、复制和碱基的正常配对，从而引起基因突变，最终导致微生物表型变化。

本实验采用谷氨酸生产菌（属短杆菌），在培养过程中加入少量青霉素对细胞壁进行预处理，然后在高渗透压条件下加入蜗牛酶脱壁，脱壁后经离心洗涤，在高渗液固体培养基上再生。而后进行原生质体诱变育种实验，使原生质体内 DNA 发生改变，改进遗传性状。

（三）器具材料

药品及试剂：谷氨酸生产菌（属短杆菌），蜗牛酶 DF 液［1 g 蜗牛酶溶入 100 mL DF 液（无菌操作），浓度 10 mg/mL］，青霉素钾溶液（0.5 g 青霉素钾加入 100 mL 无菌水，90℃ 灭菌 30 min，浓度为 8 μg/mL）等。

改良营养肉汤培养基：蛋白胨 10 g，酵母粉 5 g，牛肉膏 5 g，NaCl 10 g，葡萄糖 2 g，pH 7.2，定容至 1000 mL。其中，配制 2000 mL NB，其装量为 40 mL/250 mL 锥形瓶。改良固体 NB 培养基（700 mL NB 培养基 + 琼脂 1.2%）。

高渗固体 NB（RNB）：200 mL 改良固体 NB 培养基，蔗糖溶液 0.46 mol/L，$MgCl_2$ 0.02 mol/L，丁二酸钠 67.5 g/L，乙二胺四乙酸（EDTA）0.001 mol/L。

原生质体稀释（DF）液：蔗糖 85.6 g/L，丁二酸钠 67.5 g/L，$MgSO_4 \cdot 7H_2O$ 2.5 g/L，EDTA 0.001 mol/L，K_2HPO_4 4.6 g/L，$KHSO_4$ 15.0 g/L，定容至 100 mL，110℃ 灭菌 15 min。

仪器及其他用品：旋转式摇床，相差显微镜，恒温培养箱，离心机，紫外诱变台（照射距离 20 cm），玻璃涂布棒，接种环，移液器等。

（四）操作步骤

1）菌种预处理

（1）取谷氨酸生产菌斜面一环加入 40 mL 改良 NB 培养基中，31℃，120 r/min 恒温摇床培养 12 h。

（2）摇床培养到第 10 h 时加入青霉素溶液，使青霉素浓度为 0.4 μg/mL，继续摇床培养 2 h。

2）原生质体的制备与再生

（1）取青霉素处理 2 h 后的菌液 20mL，在无菌操作台上，分装入两支 10 mL 离心管中，然后将离心管放入离心机中，3200 r/min 离心分离 10 min，取出两支离心管。

（2）在无菌操作台上，将离心管上清液倒出，加入少量 DF 液，用移液器搅匀打散，制成 10 mL 菌悬液。

（3）将菌悬液加入已干热灭菌的 250 mL 锥形瓶中，另取 10 mg/mL 蜗牛酶液 4 mL 并加入 DF 液使菌悬液总量达到 40 mL，充分摇匀。

（4）取 1 mL 加酶后的菌悬液，作稀释平板计数用。加酶后菌悬液的锥形瓶再上摇床，31℃，120 r/min 振荡培养。

（5）在酶处理 1 h 时，取 1 份酶处理菌液做镜检，观察原生质体生成比例。当同一视野中球形细胞（即原生质体）占总数 7% 以上时，则表明菌体脱壁成功。

（6）酶处理 1.5 h，下摇床，做镜检，并做稀释平板计数。

（7）加酶前后菌悬液做稀释平板培养，计算原生质体制备率与再生率。

3）原生质体诱变

（1）取酶处理 1.5 h 的原生质体悬浮液于分离管各 10 mL，经 3200 r/min 离心分离，去上清液，加入高渗 DF 液，用接种针搅匀，分取 1 mL 于培养皿，荡匀。

（2）将盛有 1 mL 原生质体的培养皿置于 15 W 紫外线灯下 20 cm 处，打开培养皿盖，照射 60 s。

（3）分取诱变后原生质体 0.3 mL 至高渗 NB 培养基，培养 24 h。

（4）对诱变后原生质体做稀释平板培养，计算原生质体的诱变残余率。

4）诱变菌株分筛实验

（1）诱变后，在平板上的再生菌株中，挑选生长旺盛菌落数株，划斜面，并编号，培养 22 h 后，低温保存。

（2）通过对比出发菌株，进行小型发酵罐或摇瓶发酵实验，对挑选菌株进行 3～4 次筛选，直至得到优势菌株。

（五）注意事项

（1）诱变处理原生质体再生后，因产酸在前两代中表现不稳定，故应进行多次单菌落分离后，产酸才能有一定的提高，且表现较稳定。

（2）若得到较多稳定高产菌株，可进行耐高谷氨酸、耐高糖、低消耗谷氨酸的工业发酵菌株的平板筛选，以缩小筛选的数目。

（六）思考题

查阅资料，结合本实验，比较几种原生质体诱变（激光、化学诱变剂等）育种效果的差异。

实验2-3-4　毕赤酵母表达酶工程菌株的构建

（一）实验目的

（1）理解并掌握毕赤酵母表达外源蛋白的原理。
（2）理解并掌握毕赤酵母诱导型和组成型重组表达菌的构建和筛选技术流程。

（二）实验原理

毕赤酵母最早用于单细胞蛋白生产体系，现在这种酵母菌主要用于异源蛋白的高效表达。与传统的表达体系大肠杆菌和酿酒酵母相比，毕赤酵母表达体系具有很多优点：具有醇氧化酶基因启动子，这是目前活性最强、调控机制最严格的启动子之一，能够实现外源基因的高效诱导表达；毕赤酵母可以在以葡萄糖或甘油等为碳源的简单合成培养基中实现高密度培养；外源蛋白可以有效分泌到胞外，有利于目的蛋白的分离纯化；外源基因能在基因组的特定位点以单拷贝或多拷贝的形式稳定整合，遗传稳定性好，很少发生丢失现象，而其合适的糖基化程度，有利于保持蛋白质的活性。

常用的毕赤酵母宿主菌有 X-33、GS115、SMD1168 等，它们在载体筛选方法或表型上存在一定差异。本实验中选择的 X-33 是野生型菌株，适合于博来霉素（zeocin）抗生素筛选标记的载体。毕赤酵母含有两个醇氧化酶基因 *AOX1* 和 *AOX2*，就表达水平来看，*AOX1* 基因的转录水平远高于 *AOX2*，因此 AOX1 蛋白在甲醇氧化过程中起主要作用。当 *AOX1* 正常时，表现为利用甲醇正常，而 *AOX1* 发生缺失时，表现为利用甲醇缓慢，当 *AOX1* 与 *AOX2* 都缺失时，表现为不能利用甲醇。

目前毕赤酵母表达载体可分为甲醇诱导型表达载体和组成型表达载体。组成型表达载体，如 pGAPZα 系列载体，重组菌不需要诱导剂的引导，随着菌体的生长，就可以表达外源蛋白。而诱导型表达载体，则需要诱导剂（如甲醇）的存在，才能开始表达外源蛋白。这两种类型都是整合型载体，随着染色体的复制而复制，一般情况下都能稳定遗传。诱导型载体与组成型载体具有很多共同特征，如启动子序列、多克隆位点、转录终止序列和选择标记基因等，本实验中选择的是诱导型表达载体 pPICZα 系列及组成型表达载体 pGAPZα，它们均由 Invitrogen 公司生产，两载体的图谱如图 2-8 所示。由于转化的重组质粒 DNA 与毕赤酵母基因组 DNA 具有序列同源性，外来基因则是以同源重组的方式整合到毕赤酵母中取得的。因为常用的载体都含有 *AOX1* 和（或）*His4* 基因，这些载体线性化后可以在这两个位点发生单（双）交换的同源重组，继而产生不同的重组子。

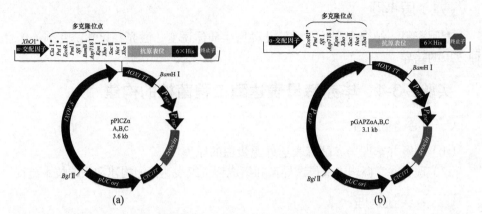

图 2-8　毕赤酵母诱导型表达载体 pPICZα[（a）] 和组成型表达载体 pGAPZα[（b）] 结构图

图片来源于 Invitrogen 公司毕赤酵母表达手册

（三）器具材料

药品及试剂：菌种——大肠杆菌感受态细胞，毕赤酵母（*Pichia pastoris*）X-33。2×PCR mix，T_4 DNA 连接酶，限制性内切核酸酶 *Eco*R I 、*Xba* I 和 *Sac* I 、*Bsp* I ，DL2000 分子质量 marker，破壁酶（lyticase），zeocin（100 mg/mL），磷酸钾缓冲液（1 mol/L，pH 6.0），无水甲醇，无水乙醇，β-巯基乙醇（分析纯级），75%乙醇溶液，1 mol/L Tris-HCl（pH 8.0），0.5 mol/L EDTA（pH 8.0），Tris-EDTA（TE），3 mol/L 乙酸钠溶液（pH 5.2），酚氯仿，1 mol/L 山梨醇，NaOH 溶液（0.2 g/mL），乙酸溶液（0.1 mol/L），0.1 mol/L 乙酸钠溶液，乙酸-乙酸钠缓冲液（0.1 mol/L，pH 5.5），灭菌超纯水等。

低盐 LB 液体培养基：胰蛋白胨 10 g/L，酵母提取物 5 g/L，NaCl 5 g/L。低盐 LB 固体培养基即在液体培养基基础上加 15～20 g/L 琼脂。

YPD 液体培养基：葡萄糖 20 g，蛋白胨 20 g，酵母膏 10 g，蒸馏水 1 L，pH 自然。YPD 固体培养基：葡萄糖 20 g，蛋白胨 20 g，酵母膏 10 g，琼脂 20 g，蒸馏水 1 L，pH 自然。

YPDS 固体培养基：YPD 固体培养基中加入 1 mol/L 山梨醇。

10×YNB 培养基：购自 Solarbio 公司，配方见 http://www.solarbio.com/article-411.html。

BMGY 培养基：2% 蛋白胨，1% 酵母提取物，100 mmol/L 磷酸钾缓冲液（pH 6.0），1.34% YNB，4×10^{-5} 生物素，1% 甘油。BMMY 培养基即将 BMGY 培养基配方中的 1% 甘油换成 0.5% 甲醇，其余不变。

仪器及其他用品：锥形瓶，刻度试管，移液器，电子天平，电磁炉，恒温培养箱，恒温水浴锅，台式常温离心机，冷冻离心机，电击仪（Bio-Rad），恒温摇床，常规 PCR 仪，可见光分光光度计，核酸电泳槽，电泳仪，凝胶成像系统，接种工具，超净工作台等。

（四）操作步骤

1. 木聚糖酶诱导型和组成型重组表达载体的构建

1）基因片段与毕赤酵母载体酶切　　将含有木聚糖酶基因的载体 pUC-xyn 和毕赤酵母表达载体 pPICZαA、pGAPZαA 分别用限制性内切核酸酶 *Eco*R Ⅰ 和 *Xba* Ⅰ 双酶切，回收目的基因片段和载体片段。

具体酶切体系（50 μL 体系）如下：

DNA　5 μL　　　　　10× 缓冲液　5 μL　　　　*Eco*R Ⅰ　2 μL
Xba Ⅰ　2 μL　　　　灭菌超纯水　36 μL

配制好反应体系后，置于 37℃恒温水浴锅中，酶切 3 h 以上，0.8% 琼脂糖凝胶电泳 30 min，使目的基因片段与载体片段 pUC 分开，切胶回收木聚糖酶基因片段（约 600 bp）和线性化的 pPICZαA、pGAPZαA，分别用 DNA 纯化试剂盒纯化 DNA。

2）连接　　将木聚糖酶基因片段和 pPICZαA、pGAPZαA 分别用 T₄ DNA 连接酶连接，具体体系（10 μL 体系）如下：

载体 DNA/*Eco*R Ⅰ + *Xba* Ⅰ　1 μL　　　　　　xyn/*Eco*R Ⅰ + *Xba* Ⅰ　5 μL
10× 缓冲液　1 μL　　　T₄ DNA 连接酶　1 μL　　　灭菌超纯水　2 μL

配制好反应体系后，置于 16℃恒温水浴锅中连续过夜（12 h 以上）。

3）转化　　连接产物与 100 μL 大肠杆菌感受态细胞混合，置于冰上 25 min，42℃热激 90～120 s，在超净工作台中加入 400～600 μL 低盐 LB 液体培养基，37℃，温育 45～60 min，涂布低盐 LB 固体平板（含 25 g/mL zeocin），于超净工作台中吹干后，于 37℃恒温培养箱倒置培养 12 h 以上，待菌落形成后，用灭菌的牙签挑取单菌落在低盐 LB 固体平板（含 25 μg/ mL zeocin）上划线，继续在 37℃恒温培养箱中培养。

4）重组质粒鉴定　　随机选取 5～10 个菌落，接种 2 mL 低盐 LB 液体培养基（含 25 μg/mL zeocin），于 37℃恒温摇床中 250 r/min 振荡培养过夜，用质粒提取试剂盒提取质粒，用 0.8% 琼脂糖凝胶电泳检测，以未酶切的载体 pPICZαA 和 pGAPZαA 为对照，如果载体中插入外源基因片段，电泳后，可以观察到质粒滞后。对于滞后的质粒进一步酶切鉴定，具体酶切体系（20 μL 体系）如下：

质粒 DNA　2 μL　　　　　10× 缓冲液　2 μL　　　　*Eco*R Ⅰ　1 μL
Xba Ⅰ　　　1 μL　　　　灭菌超纯水　14 μL

配制好反应体系后，置于 37℃恒温水浴锅中，酶切 3 h 以上，进行 0.8% 琼脂糖凝胶电泳，观察酶切下来的片段大小是否与连接片段的大小相吻合。

5）重组质粒线性化　　　　将鉴定好的重组质粒大量提取约 20 μg，诱导型载体用限制性内切核酸酶 SacⅠ酶切使其线性化，组成型载体用 BspHⅠ线性化，具体反应体系（100 μL 体系）如下：

质粒 DNA　　　　20 μL　　　　　　　　　10× 缓冲液　　10 μL
限制性内切酶　　4 μL　　　　　　　　　　灭菌超纯水　　66 μL

配制好反应体系后，置于 37℃恒温水浴锅中，酶切 5 h 以上，取 5 μL 酶切产物进行 0.8% 琼脂糖凝胶电泳，同时以 2 μL 没有酶切的重组质粒作对照，观察是否酶切完全，如果仅有一条 DNA 条带，且与未酶切质粒相比，电泳滞后，则认为酶切已经完全。用 DNA 纯化试剂盒纯化酶切产物。

2. 毕赤酵母感受态细胞制备

挑取毕赤酵母 X-33 单菌落，接种于 5 mL YPD 液体培养基中，28～30℃恒温摇床中 250 r/min 振荡培养过夜。转接 0.5 mL 培养物于 50 mL YPD 液体培养基中（至少用 250 mL 锥形瓶盛装），28～30℃恒温摇床中 250 r/min 振荡培养过夜，监测菌体 OD_{600} 的值，当 OD_{600} 达到 1.3～1.5 时，停止培养。用 50 mL 灭菌的离心管收集菌体，4000 r/min，4℃离心 3 min。将菌体用 50 mL 预冷的灭菌超纯水充分悬浮，4000 r/min，4℃离心 3 min 收集菌体；再用 20 mL 冷的灭菌超纯水充分悬浮，4000 r/min，4℃离心 3 min 收集菌体；最后用 0.5 mL 预冷的 1 mol/L 山梨醇悬浮细胞。

3. 毕赤酵母转化

将 10 μL（约 10 μg）线性化的重组质粒与 80 μL 毕赤酵母感受态细胞混匀，置于电击杯（直径 0.2 cm）中，冰浴 5 min，用电击仪电击。电击条件为 2000 V、25 μF、5 mS。电击结束后立即加入 1 mL 预冷的 1 mol/L 山梨醇。将电击后的细胞吸出，置于灭菌的 50 mL 离心管中，于 30℃恒温摇床中 100 r/min 轻轻振荡，恢复培养 2～3 h，将培养物 300 μL、500 μL、800 μL 分别涂布在 YPDS 平板（含 100 μg/mL zeocin）上，超净工作台中吹干，于 28～30℃恒温培养箱中倒置培养 2～3 d，待菌落生长清晰后，用灭菌牙签挑取单菌落在 YPD 平板（不含 zeocin）上划线培养，保存于 4℃冰箱中。

4. 重组菌株鉴定

1）毕赤酵母基因组 DNA 提取　　　　分别接种重组菌和受体菌于 5 mL YPD 培养基中，28～30℃恒温培养箱、250 r/min 振荡培养过夜。室温下，4000 r/min 离心 3 min 收集菌体。用 100 μL TE（pH 7.0）悬浮菌体，加入 300 μL 0.5 mol/L EDTA（pH 8.0），再加入 3μL β-巯基乙醇和 1 μL 破壁酶，混匀，37℃水浴 30 min。12 000 r/min 离心 5～10 min，弃上清液，用 50 μL TE 重新悬浮沉淀。加 500 μL 酚氯仿，混匀，离心 5 min，取上层水相。加入两倍体积无水乙醇及 1/10 体积的 3 mol/L 乙酸钠（pH 5.2），冰上放置 30 min。12 000 r/min 离心 20 min，弃上清液，沉淀用 75% 乙醇溶液漂洗 1～2 次。干燥后，加入 20 μL 的 TE 或灭菌超纯水溶解，-20℃备用。

2）外源基因的 PCR 扩增

配制如下的 PCR 反应体系（50 μL 体系）：

DNA　　　1 μL　　　　　2×Pfu PCR mix 25 μL　　　　引物-1　1 μL

引物-2　　1 μL　　　　　灭菌超纯水　　22 μL

引物序列根据木聚糖酶基因两端设计。PCR 反应条件为：94℃预变性 3 min，94℃变性 30 s，50℃（此温度可以根据引物 T_m 值调整），退火 20 s，72℃延伸 1 min。共进行 35 个循环，然后 4℃保温，用 1% 琼脂糖凝胶电泳检测扩增结果。

5. 重组菌的培养和表达

1）诱导型菌株的表达

（1）菌种培养：用无菌接种环（火焰灭菌）挑取重组毕赤酵母单菌落，接种 5 mL YPD 液体培养基，于 28～30℃恒温摇床中 250 r/min 振荡过夜培养。

（2）转接：将培养好的菌种按照 1% 的比例接种于 20 mL BMGY 培养基（装于 100 mL 锥形瓶）中，继续于 28～30℃恒温摇床中 250 r/min 振荡 24 h。收集菌体：将培养好的菌体倒入灭菌的离心管中，于常温下 4000 r/min 离心 3 min，将菌体用无菌水洗涤 1 或 2 次。

（3）诱导培养：将无菌水洗涤后的菌体悬浮于 BMMY 培养基中，调整菌体浓度至 OD_{600} 为 1.0 左右，继续于 28～30℃恒温摇床中 250 r/min 振荡培养，每 24 h 加入 0.5%（V/V）甲醇。

（4）取样：每次加甲醇前取样 1 mL，于常温下 12 000 r/min 离心 1 min，收集上清液用于醇活性分析。连续取样 4 d。

2）组成型菌株的表达

（1）菌种培养：用无菌接种环（火焰灭菌）挑取重组毕赤酵母单菌落，接种 5 mL YPD 液体培养基，于 28～30℃恒温摇床中 250 r/min 振荡过夜培养。

（2）转接：取 0.1 mL 培养物，转接 50 mL YPD 培养基（装于 250 mL 锥形瓶）中，于 30℃恒温摇床中 250 r/min 振荡过夜培养。

（3）取样：分别在培养第 0 h、24 h、48 h、72 h 和 96 h 取 1 mL 培养物，于常温下 12 000 r/min 离心 1 min，收集上清液，用于酶活性分析。

（五）注意事项

（1）在进行重组质粒线性化操作时，纯化后的 DNA 应溶解于灭菌的超纯水中，切记不能溶于 TE 等缓冲液中。

（2）在超净台中操作时，一定要灭掉酒精灯火焰，防止引燃甲醇。

（六）思考题

（1）pPICZα 系列载体转化为 X-33 菌株，重组菌不用鉴定甲醇利用表型，为什么？

（2）设计一个实验方案，使得诱导型载体与组成型载体在同一菌株里表达。

第四节　菌种的保藏与复壮

当选育出优良菌株，进行一定的扩大培养后，我们常需要对这些优良性状的菌株进行保藏，而菌种保藏是微生物学的一项重要基础工作，其目的是保持微生物的各种优良特征及活动，使其存活、不丢失、不污染、不变异、不退化、不混乱、便于使用、便于交换。因此，可根据微生物自身的生理特点，通过人为地创造一个低温、干燥、缺氧、避光和缺少营养的环境条件，使微生物的生长受到抑制，使其新陈代谢作用限制在最低范围内，生命活动基本处于休眠状态，从而达到保藏的目的。

然而，菌种在长期保存过程中会出现部分菌种退化现象。"退化"是一个群体概念，菌种衰退最易察觉到的是菌落和细胞形态的改变，菌种退化会出现生长速度慢、代谢产物生产能力或其对宿主寄生能力明显下降的情况。因此，在使用菌种前需对菌种进行复壮。所以，本节就通过两个实验对发酵菌株的保藏工艺及复壮技术进行介绍。

实验2-4-1　发酵工程菌种的保藏

（一）实验目的

以假单胞菌为例，了解发酵工程菌种保藏的基本原理，熟悉发酵工程菌种保藏的基本方法。

（二）实验原理

发酵工程菌种在使用过程中容易发生菌种混杂和有害突变，从而导致菌种优良性状的丢失，因此妥善保藏菌种就显得十分重要。

菌种保藏是指在广泛收集实验室和生产菌种、菌株的基础上，将它们妥善保藏，使之达到不死、不衰、不污染以便于研究、交换和使用的目的，其原理是根据微生物生理生化特点，人工制造环境条件，使微生物代谢处于不活泼、生长繁殖受抑制的休眠状态，即采取低温、干燥、缺氧3个条件，使菌种暂时处于休眠状态。

依据不同的菌种与需求，应选用不同的保藏方法，其中斜面低温保藏法、液体石蜡封存法、甘油冷存法、冷冻干燥法较为常用，本实验要求学生重点掌握这几种保藏方法的原理及操作。

（三）器具材料

药品及试剂：生理盐水（0.85% NaCl溶液），液体石蜡，甘油，去离子水，无菌脱脂牛奶，假单胞菌（或其他发酵菌株），NB固体斜面培养基（配方见附录Ⅱ）。

仪器及其他用品：培养皿（90 mm），锥形瓶（150 mL），安瓿管，封口膜（配橡皮筋），记号笔，离心管（1.5 mL），离心管架，接种工具，酒精灯，报纸，硫酸纸，移液枪，超净工作台，高速离心机，冷冻干燥机，恒温培养箱，-20℃冰箱，-80℃超低温冰箱等。

（四）操作步骤

实验准备：实验前一天晚上制备生理盐水，121℃灭菌。液体石蜡的灭菌处理：将液体石蜡置于锥形瓶中，加 8 层纱布 121℃灭菌后，放置于 40℃干燥箱中，蒸掉多余水分。40% 无菌甘油的制备：用去离子水配制 40% 的甘油，121℃灭菌后备用。安瓿管用脱脂棉封口，121℃灭菌。脱脂牛奶 110℃灭菌。此外，还应对待保藏的菌种进行培养，用接种环挑取待保藏菌菌苔，点接在斜面中部偏下方处，从斜面中央自下而上划一直线或者从斜面底部自下而上划"之"字形线。置于 30℃培养箱中培养。

1）蒸馏水悬浮保藏　　此方法主要用于好气性细菌和酵母的短期保藏。首先制备菌种的悬浮液，针对要保藏的菌种量采用大小不同的容器，将容器密封好，于 10℃保藏。

2）斜面低温保藏法　　观察斜面生长情况，如菌苔覆盖斜面，则直接保藏于 4℃冰箱中，完成菌种保藏。根据要求每 3~6 个月移植一次。某些菌种，如芽裂酵母、阿舒假囊酵母、棉病囊霉等，则需每 1~3 个月转接一次。保藏湿度用相对湿度表示，通常为 50%~70%。斜面菌种应保藏相继 3 代培养物以便对照，防止因意外和污染造成损失。

3）液体石蜡封存法　　取培养好的斜面，在无菌条件下加入灭菌并蒸发完水分的液体石蜡，高出斜面顶端约 1 cm，报纸包扎，并用塑料薄膜或硫酸纸包好，直立放入冰箱中保存。一般可保存 1~2 年。

4）甘油冷存法　　取 1 mL 摇瓶中的菌液或由斜面用生理盐水洗脱的菌液，置于 2 mL 冻存管中，加入 1 mL 40% 的甘油，颠倒混匀后，置于 4℃预冷 1 h 后，分别置于 -20℃和 -80℃冰箱（图 2-9）中。本方法适合于中、长期菌种保藏，保藏时间一般为 2~4 年。

5）冷冻干燥法　　取 1 mL 菌液加入 1.5 mL 离心管中 12 000 r/min 离心 5 min，在超净工作台中弃上清，加入无菌脱脂牛奶重新悬浮，取 0.5 mL 移入无菌安瓿管中，置于 -80℃或 -20℃冰箱中预冻 1 h。将安瓿管塞上脱脂棉，放入冷冻干燥机中，冷冻干燥 2 h 以上，至牛奶完全干燥为止。关冷冻干燥机，取出安瓿管，用酒精喷灯熔封后，置于 -20℃或 -80℃冰箱中保存。一般菌种可保存 5 年以上，有的可保藏 15 年以上不发生变异。

图 2-9　-80℃超低温冰箱

（五）注意事项

（1）菌种保藏好后并不是一劳永逸，各种方法都有一定的保藏时间，要定期地对菌种进行检查。

（2）若对诱变细菌及酵母进行保藏，一般采用对数生长期的细胞，而丝状真菌及放线菌则宜采用成熟的孢子。

（3）菌种保藏过程中应严格无菌操作，进行液氮冷冻干燥保藏时应注意安全。

（六）思考题

（1）分析各种保藏方法的优缺点。

（2）经常使用的细菌菌株，使用哪种保藏方法比较好？

（3）如何确定某种微生物菌株采用何种菌种保藏方法？

实验2-4-2　发酵工程菌种的复壮

（一）实验目的

（1）了解发酵工程菌种复壮技术的 3 种方法。

（2）以保加利亚乳杆菌为例，熟悉微生物菌种复壮的一般方法。

（二）实验原理

菌种在长期保存过程中会出现部分菌种退化的现象。菌种退化往往是一个渐变的过程，只有发生有害变异的个体在群体中显著增多以致占据优势时才会显露出来。菌种退化的原因是有关基因的负突变，当群体中负突变个体的比例逐渐增高，最后占优势时，会使整个群体表现出严重的退化现象。有关菌种退化最易察觉到的是菌落和细胞形态的改变，菌种退化会出现生长速度慢，代谢产物生产能力或其对宿主的寄生能力明显下降等现象。因此，在使用菌种前需对菌种进行复壮。

复壮即在菌株的生产性能尚未退化前通过纯种分离和生产性能的测定等方法从衰退的群体中找出未退化的个体，以达到恢复生产性能的稳定或逐步提高的一种措施。菌种的复壮措施如下。

（1）纯种分离：平板划线、涂布法、倾注法和单细胞挑取法。

（2）通过在寄主体内生长进行复壮：对于寄生性微生物退化菌株，可直接接种到相应的动植物体内，通过寄主体内的作用来提高菌株的活性或提高它的某一性状。

（3）淘汰已衰退的个体：采用比较激烈的理化条件进行处理，杀死生命力较差的已衰退个体，存活的菌株，一般是比较健壮的，从中可以挑选出优良菌种，达到复壮的目的。

（4）采用有效的菌种保藏法：目前发酵菌种的复壮主要是采用平板划线法。

（三）器具材料

药品及试剂：保加利亚乳杆菌（*Lactobacillus bulgaricus*）（要求接种管已在

冰箱中保藏两周），标准 NaOH 溶液，无菌生理盐水，复原脱脂乳，MRS 培养基（配方见附录Ⅱ）等。

仪器及其他用品：无菌移液管，漩涡振荡器，无菌培养皿，试管，记号笔，超净工作台，计时器，接种针等。

（四）操作步骤

1）编号　　取盛有 9 mL 无菌水的试管排列于试管架上，依次标明 10^{-1}、10^{-2}、10^{-3}、10^{-4}、10^{-5}、10^{-6}。取无菌培养皿 3 套，分别用记号笔标明 10^{-4}、10^{-5}、10^{-6}。

2）稀释液制备　　将待复壮菌种培养液在漩涡振荡器上混合均匀，用 1 mL 无菌吸管精确吸取 1 mL 菌悬液于 10^{-1} 的试管中，振荡混合均匀，然后另取一支吸管自 10^{-1} 试管内吸 1 mL 移入 10^{-2} 试管内，依此方法进行系列稀释至 10^{-6}。

3）倒平板　　用 3 支 1 mL 无菌吸管分别吸取 10^{-4}、10^{-5}、10^{-6} 的稀释液各 1 mL 对号放入已编号的无菌培养皿中。无菌操作倒入熔化后冷却至 45℃左右的 MRS 固体培养基 10～15 mL，置水平位置，按同一方向，迅速混匀，待凝固后置于 40℃ 培养箱中培养。

4）分离　　取出培养 48 h 的培养皿，在无菌工作台上，用接种针挑取 10 个成棉花状的较大菌落，分别接种于液体 MRS 培养基中，置 40℃ 培养箱中培养 24 h。

5）接种　　按 1% 的接种量将纯化的培养物接种于已灭菌的复原脱脂乳中，同时接种具有较高活力的保加利亚乳杆菌于复原脱脂乳中作为对照。

6）活力测定

（1）凝乳时间：观察复原脱脂乳的凝乳时间。

（2）酸度：采用 NaOH 滴定法测定发酵乳液的酸度。

（3）计数：采用倾注平板法，测定活菌菌落数量。

7）实验结果　　描述保加利亚乳杆菌菌落形态及单个保加利亚乳杆菌的形态。根据凝乳时间最短、酸度最高、活菌数最大原则挑选出优良菌株。

（五）注意事项

进行菌种活力测定时，应多次试验取平均值并进行传代培养验证，以挑选出稳定的优良菌株。

（六）思考题

（1）菌种衰退的原因和危害是什么？如何判断微生物菌种已复壮？

（2）某乳品企业生产酸乳的菌种活力下降了（出现产酸慢的现象），试设计简明实验方案。

第三章　发酵生化参数的测定实验

过程控制是发酵的重要内容，控制难点在于过程的不确定性和参数的非线性，而了解、掌握和分析发酵过程参数的一般方法对于控制代谢又很有必要。发酵生产控制的重要一环就是发酵过程的中间分析，它显示了发酵过程中微生物的主要代谢变化，而要了解微生物的代谢状况，只能从分析一些参数来判断，这些代谢参数又称为状态参数，因为它们反映发酵过程中菌的生理代谢状况，如 pH、溶解氧量、排气氧浓度、排气二氧化碳浓度、表观黏度、菌浓度、基质浓度等。

代谢参数按性质可分为三类：物理参数、化学参数和生物参数。物理参数有温度、搅拌转速、空气压力、空气流量、溶解氧量、表观黏度、排气氧浓度、排气二氧化碳浓度等；化学参数有基质浓度（包括糖、氮、磷）、pH、产物浓度、核酸量等；生物参数有菌丝形态、菌浓度、菌体比生长速率，呼吸强度、基质消耗速率及关键酶活力等。

目前发酵过程主要分析的项目有 pH、排气氧浓度、排气二氧化碳浓度、菌浓度、各种基质的测定等。本章主要从以下几方面对常见发酵参数进行介绍。

1. 无机盐离子含量

微生物体内某些无机盐的含量较高，如磷、钾等，且培养皿中这些无机盐离子也较高。例如，在发酵中主要是以磷酸根的多少来计算磷含量，因为磷是核酸的组成部分，是高能化合物 ATP 的组成部分，也能促进糖代谢。总体来看，无机盐离子在培养基（发酵液）中具有非常重要的作用，若无机盐离子缺乏就需要及时补充，而补充量又需要十分谨慎，有时补充过量又会使得代谢从产物的合成转向菌体生长，反而降低产量。

2. 有机成分含量

在发酵实验中经常需要对发酵液中的有机成分进行测定，常见的为糖、蛋白质、谷氨酸、乙醇等，这些有机成分有些是发酵需要补充的原料，有些则是发酵过程的产物。其中比较常见的参数如糖含量，微生物糖的消耗既反映生产菌的生长繁殖情况，也反映产物合成的活力。通过糖含量的测定，可以控制菌体的生长速率，通过控制补糖速率来调节 pH，促进产物的合成。

3. 其他常见发酵参数

发酵实验中其他常见的发酵参数主要有 pH、菌浓度、排气氧（二氧化碳）浓度及呼吸熵等，对这些参数的测定有助于人们更好地了解菌群的生长环境。例如，菌浓度的测定可衡量菌在培养过程中菌体量的变化，一般前期菌浓度增长很快，中期菌体浓度基本恒定，通过补料可以控制菌体浓度的波动，同时在一定程度上也衡量了补料量是否合适。

第一节 无机盐离子含量的测定

在发酵过程中，发酵底料中无机盐离子浓度在菌群生长过程中扮演着重要角色，许多生产菌对发酵过程中的无机盐离子十分敏感，适宜的无机盐离子浓度也是次级代谢产物合成分泌的重要条件，故掌握无机盐离子含量的测定方法对控制发酵很有必要。目前发酵中常见的无机盐离子主要包括磷酸根离子、铵根离子、氯离子及重要的金属离子等，本节正是通过一些实验对无机盐离子含量的测定方法进行介绍。

实验3-1-1 发酵液中无机磷含量的测定

（一）实验目的

学习应用比色法测定无机磷含量。

（二）实验原理

发酵过程中的磷酸盐是常用的成分，其含量的多少对菌的生长及产物的合成具有显著影响，通过测量无机磷含量可以更好地检测和控制补料的速率及成分。测量发酵液中无机磷含量的常用方法有还原法、钼酸铵法、钼钒法，本实验利用还原法对发酵液中无机磷含量进行测定。

磷酸根与钼酸铵在还原剂作用下，将高价铜还原成低价铜，显蓝色，在一定浓度范围内蓝色的深浅与溶液中的磷含量呈线性关系，可以用比色法来测定。

（三）器具材料

药品及试剂：磷酸标准溶液［准确称取预先在 105℃烘至恒重的 KH_2PO_4（分析纯）0.4394 g，用蒸馏水溶解后定容至 100 mL，即成含磷量 1 mg/mL 的标准溶液，使用时将该溶液再稀释 100 倍，此稀释液含磷 10 μg/mL］。定磷试剂［ 6 mol/L 硫酸∶水∶2.5% 钼酸铵∶10% 抗坏血酸 =1∶2∶1∶1（ V/V ）］，此试剂要现用现配，配好时试剂应呈黄绿色或黄色；如呈棕黄色或深绿色应弃去。催化剂［ $CuSO_4 \cdot 5H_2O$∶K_2SO_4=1∶4（ m/m ）］，研成细末备用。浓硫酸，30% 过氧化氢，蒸馏水等。

仪器及其他用品：离心机，移液管，定性滤纸，试管（ 10 mL ），容量瓶，可见光分光光度计，恒温水浴锅等。

（四）操作步骤

1）标准曲线制作 按表 3-1 在各试管中分别加入不同量的 10 μg/mL 的磷酸盐标准溶液和试剂，充分摇匀后于 45℃水浴保温 20 min，在可见光分光光度

计上测 OD_{660}。

以各管的磷含量作横坐标，OD_{660} 为纵坐标做出标准曲线（图 3-1）。

表 3-1　无机磷标准曲线的制作

管号	10 μg/mL 标准磷酸盐溶液 /mL	磷含量 /μg	水 /mL	定磷试剂 /mL
1	0	0	3.0	3.0
2	0.5	5	2.5	3.0
3	1.0	10	2.0	3.0
4	1.5	15	1.5	3.0
5	2.0	20	1.0	3.0
6	2.5	25	0.5	3.0

2）发酵液无机磷的测定

（1）取发酵液 10 mL，3000 r/min 离心 10 min 得到上清液（装发酵液的离心管要平衡好才能离心）。

（2）取 5 mL 上清液于 50 mL 容量瓶中，加 10% 三氯乙酸 2 mL，振摇 5 min，加蒸馏水稀释至刻度。

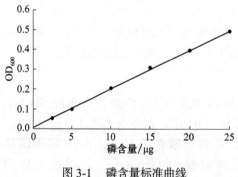

图 3-1　磷含量标准曲线

（3）用定性滤纸过滤，将滤液适当稀释到 5~20 μg/mL。

（4）在试管中分别加入稀释后的上清液 1 mL、水 2 mL 和定磷试剂 3 mL，充分摇匀后于 45℃ 水浴保温 20 min，在可见光分光光度计上测 OD_{660}。空白为蒸馏水 3 mL，加定磷试剂 3 mL。

（5）记录数据：记录标准曲线制作数据，记录样品的 OD_{660}，并计算发酵液中的含量。

发酵液磷含量（g/mL）= 计算的磷含量 ×10× 稀释倍数

（五）注意事项

定磷试剂对测量的准确度结果影响很大，称量时应准确规范，现用现配。

（六）思考题

（1）抗坏血酸的作用是什么？定磷试剂为什么要现用现配？

（2）测定时水浴保温的时间长短对测定结果有什么影响？

实验3-1-2 发酵液中铵根离子的测定

(一)实验目的

了解靛酚蓝法测定铵根离子的原理,掌握测定的方法。

(二)实验原理

在碱性溶液(pH 10.4～11.5)中铵根离子与次氯酸盐反应生成一氯(代)胺。在苯酚和过量次氯酸盐存在的情况下,硝普盐作催化剂,一氯(代)胺生成蓝色化合物——靛酚蓝。铵根离子的浓度由测定 630 nm 处的光密度(OD)值来确定。此方法适用于 0～100 mg NH_4^+/L 的测定。

(三)器材与试剂

约品及试剂:标准氨溶液(100 mg NH_4^+/L),苯酚(C_6H_5OH),二水亚硝基铁氰化钠(即硝普盐)$[Na_2Fe(NO)(CN)_5\cdot 2H_2O]$,NaOH,NaClO,$NH_4Cl$,$Na_2S_2O_3$,化学试剂为分析纯,水为双蒸水或去离子水。

试剂 A:称取苯酚 10 g 和硝普盐 100 mg 用蒸馏水溶解后定容至 1000 mL。

试剂 B-Ⅰ:称取 Na_2HPO_4 56.8 g 和 NaOH 8 g 用蒸馏水溶解后定容至 1000 mL。

试剂 B-Ⅱ:NaClO(含有活性氯≥5.2%,NaOH 7%～8%)。

试剂 B:Ⅰ:Ⅱ =1:100(V/V),pH 11.5～11.7,混匀备用。

仪器与其他用品:可见光分光光度计,比色皿,恒温水浴锅,10 mL 试管,容量瓶,移液管,移液器等。

(四)实验操作

1)绘制标准曲线

(1)将 0.0 mL、5.0 mL、10.0 mL、25.0 mL、50.0 mL、75.0 mL、100.0 mL标准溶液转移至 100 mL 容量瓶中,用水稀释至刻度,溶液的 NH_4^+ 浓度分别是 0 mg/L、5 mg/L、10 mg/L、25 mg/L、50 mg/L、75 mg/L 和 100 mg/L。各取 20 μL 该溶液加入试管中。

(2)向试管中加入试剂 A 2.5 mL,混匀。加入试剂 B 2.5 mL 混匀,37℃,反应 30 min,630 nm 比色测定(用水作对照)。

(3)用 OD_{630} 和对应的 NH_4^+ 浓度绘制标准曲线。

(4)为了检验试剂中 NH_4^+ 的浓度,测定 NH_4^+ 为 0 mg/L 的光密度值,不应超过 0.02。

2)样品测定 取样品 20 μL 于 10 mL 试管中,按照步骤 1)中的(2)进行操作。用标准曲线将光密度值换算成 NH_4^+ 浓度(mg/L)。若样品 NH_4^+ 浓度超过

100 mg/L，则必须稀释。

3）数据记录　　绘制标准曲线并得出回归方程。记录样品 OD_{630}，填入表 3-2 中，计算样品的 NH_4^+ 浓度。

表 3-2　NH_4^+ 光密度值记录表

编号	浓度 /(mg/L)	OD_{630}
0	0	
1	5	
2	10	
3	20	
4	50	
5	75	
6	100	

（五）注意事项

（1）如果溶液混浊，必须将溶液过滤，Fe^{3+} 浓度超过 2 mg/L 会对测量产生干扰。

（2）进行样品测定时，如果样品 pH 低于 3，必须将样品调至中性。

（六）思考题

（1）靛酚蓝法测定铵根离子的原理是什么？

（2）实验过程中哪些操作可能引起误差？

实验3-1-3　发酵液中钙离子含量的测定

（一）实验目的

了解并掌握利用比色法测定发酵液中钙离子的含量。

（二）实验原理

在 pH 为 11 的碱性条件下，钙离子与邻甲酚酞生成黄绿色络合物。当钙离子浓度在 0～3.0 mg/L 时遵守比耳 - 朗伯定律（比耳定律），可用于发酵液中钙离子含量的测定。镁在此 pH 与显色剂有类似的反应，可加入 8- 羟基喹啉消除，其他金属离子与显色剂的络合反应可被缓冲液掩蔽或防止。

（三）器具材料

药品及试剂：缓冲液（pH 11。量取 3 mL 浓盐酸，溶于 900 mL 水中，用乙醇胺稀释至 1000 mL，置于塑料瓶中，低温存放），邻甲酚酞显色剂（1.0 g 8- 羟基喹啉加 5 mL 浓盐酸，再加 0.4 g 邻甲酚酞，用水稀释至 100 mL，塑料瓶存放），钙标准储备液（1 mg/mL。准确称取 2.5 g 碳酸钙，溶于少量浓盐酸中，用水稀释，定容至 1000 mL），钙标准溶液（5 μg/mL。吸取 5 mL 标准储备溶液于

1000 mL 容量瓶中，用水定容至刻度），蒸馏水，50 g/L EDTA 溶液等。

仪器及其他用品：移液管，移液器，恒温水浴锅，可见光分光光度计等。

（四）操作步骤

（1）标准曲线的绘制：分别吸取 0 mL、0.2 mL、0.3 mL、0.4 mL、0.5 mL、0.6 mL 的钙标准液于 6 支试管中，加水稀释至 1 mL，然后分别加入 5 mL pH 11 的缓冲液及 0.5 mL 显色剂，混匀。25℃水浴环境反应 10 min，在 575 nm 波长下测定光密度值，以钙离子浓度为横坐标，光密度值为纵坐标绘制标准曲线。

（2）样品的测定：取发酵液样品，稀释适当的倍数，取两份稀释后的发酵液试样各 1 mL，分别置于两支试管中。在第一个试管中加入 1 滴 EDTA 溶液，然后两支试管分别加入 5 mL（pH 11）缓冲液及 0.5 mL 显色剂，混匀，于 5℃水浴环境反应 10 min，未加 EDTA 溶液的试样作为空白调零，在波长 575 nm 下测定光密度值。

（3）实验结果：将测得的样品的光密度值在标准曲线上找到对应的钙离子浓度，再乘以稀释倍数即可得到发酵液中钙离子的浓度。

（五）注意事项

测定标准曲线时可分多组绘制，从各方面减少误差，保证标准曲线的精确度，测定光密度值时，每个样品重复测量 2~3 次。

（六）思考题

结合本实验，谈谈钙离子含量测定在发酵产业中的应用。

实验3-1-4　发酵液中钠、钾含量的测定

（一）实验目的

掌握原子吸收分光光度计的原理及使用方法，对发酵液中的钠、钾含量进行测定。

（二）实验原理

利用原子吸收分光光度计（空气 - 乙炔火焰）使试样中的钠、钾被原子化，其中钠吸收波长为 589.0 nm，钾吸收波长为 766.5 nm，用标准工作曲线法定量测定。

（三）器具材料

药品及试剂：钠标准溶液［准确称取 1.2711 g NaCl（预先于 150℃烘干 2 h），溶于水，并加 2 mL HCl 溶液（分两次加入，每次 1 mL），加水定容至 500 mL，此时钠含量为 1 mg/mL，使用时可适当稀释］，钾标准溶液［准确称取 0.9534 g KCl（预先于 150℃烘干 2 h），溶于水，并加 2 mL HCl 溶液（加入方法如上），加水定容至 500 mL，即钾含量为 1 mg/mL，使用时适当稀释］，10 g/L 氯化铯溶

液，去离子水等。

仪器及其他用品：沸水浴装置，容量瓶，电炉，蒸发皿，原子吸收分光光度计（空气 - 乙炔火焰）等。

（四）操作步骤

（1）样品的消化处理：样品的消化处理可分为干法消化及湿法消化两种，本实验采用干法消化对样品进行处理。

干法消化：吸取 25 mL 样品于蒸发皿中，在沸水浴上蒸干，再置于电炉上炭化，然后移入 550℃ 左右的高温炉中灼烧，灰化至残渣呈白色，取出，加入 10 mL（分两次加入，每次 5 mL）HCl 溶液中，在沸水浴上蒸至约 2 mL，再加入 5 mL 水，加热煮沸后，移入 50 mL 容量瓶中，用水洗涤蒸发皿，洗液并入容量瓶，加水稀释至刻度，摇匀。同时做空白试验。

湿法消化：吸取 1 mL 样品于 10 mL 凯氏烧瓶中，置电炉上缓缓蒸发至近干，稍冷却后加 1 mL 浓硫酸、1 mL 过氧化氢，于通风橱内加热消化。若消化液颜色较深，冷却后可继续滴加过氧化氢，直至消化液无色透明。稍冷，加适量水微火煮沸 3～5 min，取下冷却。同时做空白试验。

（2）钠标准曲线的绘制：取钠标准溶液 5 mL 于 100 mL 容量瓶中，加水定容至刻度。分别取该溶液 0 mL、0.25 mL、0.50 mL、1.00 mL、1.50 mL、2.00 mL 于 6 个 50 mL 容量瓶中，每瓶均加入 2 mL（分两次加入，每次 1 mL）HCl 溶液及 5 mL 10 g/L 氯化铯溶液（消电离剂），加水定容至刻度，其中每瓶钠含量分别为 0 μg、12.5 μg、25 μg、50 μg、75 μg、100 μg。将原子吸收分光光度计调至合适的工作状态，调波长为 589.0 nm，导入标准系列溶液，测定光密度值，并绘制标准曲线。

（3）钾标准曲线的绘制：取钾标准溶液 10 mL 于 100 mL 容量瓶中，加水定容至刻度。分别取该溶液 0 mL、0.5 mL、1.0 mL、1.5 mL、2.0 mL、2.5 mL 于 6 个 50 mL 容量瓶中，每瓶均加入 2 mL（分两次加入，每次 1 mL）HCl 溶液及 5 mL 10 g/L 的氯化铯溶液（消电离剂），加水定容至刻度，其中每瓶钾含量分别为 0 μg、50 μg、100 μg、150 μg、200 μg、250 μg。将原子吸收分光光度计调至合适的工作状态，调波长 766.5 nm，导入标准系列溶液，测定光密度值，并绘制标准曲线。

（4）样品的测定：取一定量的待测试液，置于 50 mL 容量瓶中（定容稀释后钠含量为 0～2 μg/mL，钾含量 0～5 μg/mL），以下操作同标准曲线绘制并测定光密度值，并从相应的标准曲线上求出钠、钾。

（五）注意事项

测定光密度值时，每组样品可多做几个重复对比参照，以减少测量误差。

（六）思考题

结合本实验，谈谈原子吸收分光光度计与可见光分光光度计的使用有何异同？

第二节　发酵液有机成分含量的测定

发酵过程中，通常伴随着发酵底料的逐步消耗及发酵产物的缓慢增加，通过了解各种发酵产物的浓度，可以对发酵状况（生长菌生长、发酵污染）进行大致的掌握。虽然目前很多时候发酵产物的测定往往通过生物传感器就能够完成，但熟悉并掌握发酵产物的测定方法仍然是一项最基本的技能。某种发酵产物的测定方法一般有很多种（不同浓度、精确度），如蛋白质浓度测定包括考马斯亮蓝法、福林酚法、双缩脲法等，限于篇幅，本节只对几种常见的发酵产（底）物的某种代表性测定方法进行介绍。

实验3-2-1　α-氨基氮含量的测定

（一）实验目的

（1）了解氨基氮测定的原理
（2）掌握甲醛滴定法测定氨基氮的操作方法。

（二）实验原理

氨基酸中的—NH_3^+ 的解离常数常在9.0以上，不能用一般的酸碱指示剂（包括酚酞）以 NaOH 溶液作滴定测量。但可以用甲醛滴定法测量。在 pH 中性和常温条件下，甲醛迅速与氨基酸中的氨基相互作用，使滴定终点移至 pH 9.0 左右，在该过程中指示剂酚酞不与甲醛作用。pH 9.0 正是酚酞的变色阈值，因此可以用酚酞作为指示剂，以 NaOH 溶液来滴定—NH_3^+ 上的 H^+，每释放一个氢离子，就相当于一个氨基酸。

$$RN—H_3^+ \longrightarrow H^+ + R—NH_2$$
$$R—NH_2 + CH_3CHO \longrightarrow R—N（CH_2OH）_2$$

（三）器具材料

药品及试剂：1 mol/L HCl 溶液，0.1 mol/L 标准 NaOH 溶液，12% 中性甲醛，甲基红指示剂，酚酞指示剂，发酵液等。

仪器及其他用品：离心机，电子天平，移液管，吸管，碱式滴定管等。

（四）操作步骤

（1）取发酵液 3500 r/min 离心 10 min，取上清液 2.5 mL 于 250 mL 锥形瓶中，加入蒸馏水约 50 mL，加甲基红指示剂 2 或 3 滴，加 1 mol/L HCl 溶液 1 或 2 滴使溶液呈红色，放置 3 min。

（2）以标准 NaOH 溶液滴定至刚好转橙黄色，读取此时滴定管刻度，加入 12% 中性甲醛 10 mL，放置 5～10 min。

（3）加入酚酞指示剂 1 mL，用标准 NaOH 溶液滴定至呈微红色为终点，读取此时滴定管刻度，两次读数之差即为所耗 NaOH 毫升数。

（4）记录滴定的体积，并对 α - 氨基氮的含量进行计算。

$$NH—H = \frac{N_{NaOH} \times V_{NaOH} \times 14.01}{2.5}$$

式中，NH—H 为氨基氮含量（mg/mL）；N_{NaOH} 为标准 NaOH 溶液的摩尔浓度，此处为 0.100 mol/L；V_{NaOH} 为所消耗 NaOH 的毫升数，为两次读数之差；14.01 为氮原子的相对分子质量，2.5 为滴定时所取发酵液的体积（mL）。

（五）注意事项

此方法测定结果是发酵液中氨基氮与氨氮含量的总和，但在发酵液中由于有机氮源的含量远大于铵根离子的浓度，故此方法测定的氮含量就近似作为氨基氮的含量。

（六）思考题

（1）甲醛滴定法测定氮的原理是什么？

（2）在用甲醛滴定之前为什么要先加 1 mol/L HCl 酸化，然后再用 NaOH 中和至中性？

实验3-2-2　蛋白质浓度的测定

（一）实验目的

了解并掌握福林酚法测定蛋白质浓度的原理和方法。

（二）实验原理

福林酚法所用的试剂由两部分组成。试剂甲相当于双缩脲试剂，可与蛋白质中的肽键起显色反应。试剂乙（磷钨酸和磷钼酸混合液）在碱性条件下极不稳定，易被酚类化合物还原而呈蓝色反应（钼蓝和钨蓝混合物）。由于蛋白质中含有带酚基的酪氨酸，故有此呈色反应。因此，用福林酚法测定蛋白质含量灵敏度较高，较双缩脲法灵敏 100 倍。该法的定量范围为 100 μg 蛋白质。

福林酚试剂显色反应由酪氨酸、色氨酸和半胱氨酸引起，因此样品中若含有酚类、柠檬酸和巯基化合物均有干扰作用。此外，不同蛋白质因酪氨酸、色氨酸含量不同而使显色强度稍有不同。本法也可用于游离酪氨酸和色氨酸含量测定。

（三）器具材料

药品及试剂：试剂甲［A 液（称取 Na_2CO_3 10g，NaOH 2 g 和酒石酸钾钠

0.25 g，溶解后用蒸馏水定容至 500 mL），B 液（称取 CuSO$_4$•5H$_2$O 0.5 g，溶解后用蒸馏水定容至 100 mL），每次使用前将 A 液 50 份与 B 液 1 份混合，即为试剂甲，其有效期为 1 d]，试剂乙（福林酚试剂），标准蛋白质溶液（在分析天平上精确称取结晶牛血清白蛋白 0.05 g，倒入小烧杯内，用少量蒸馏水溶解后转入 100 mL 容量瓶中，烧杯内的残液用少量蒸馏水冲洗数次，冲洗液一并倒入容量瓶中，用蒸馏水定容至 100 mL，则配成 500 μg/mL 的牛血清白蛋白溶液），蒸馏水等。

仪器及其他用品：可见光分光光度计，移液器，高速离心机，分析天平，容量瓶（100 mL）等。

（四）操作步骤

1）制作标准曲线 取 12 支试管，分两组按表 3-3 平行加入标准浓度的牛血清白蛋白溶液和蒸馏水，配成一系列不同浓度的牛血清白蛋白溶液。然后各加试剂甲 5 mL，混合后在室温下放置 10 min，再各加试剂乙 0.5 mL，立即混合均匀。在 30℃保温（或室温下放置）30 min 后，以不含蛋白质的 1 号试管为对照，用可见光分光光度计于 650 nm 波长下测定各试管中溶液的光密度值并记录结果。

表 3-3 蛋白质溶液标准曲线的绘制

编号	1	2	3	4	5	6
标准蛋白质溶液 /mL	0	0.2	0.4	0.6	0.8	1.0
蒸馏水 /mL	1.0	0.8	0.6	0.4	0.2	0.0

2）样品的测定 取普通试管 2 支，各加入待测溶液 1 mL，分别加入试剂甲 5 mL，混匀后放置 10 min，再各加试剂乙 0.5 mL，迅速混匀，室温放置 30 min，于 650 nm 波长下测测定光密度值，并记录结果。

3）数据记录

（1）记录标准曲线制作的 OD$_{650}$。

（2）记录待测样品的 OD$_{650}$。

（3）数据计算：以牛血清白蛋白含量（g）为纵坐标，以光密度值为横坐标绘制标准曲线，并计算出标准曲线公式。计算出两重复样品 OD$_{650}$ 的平均值，从标准曲线中查出相对应的蛋白质含量（μg），再按下列公式计算样品中蛋白质的浓度。

样品的蛋白质浓度（mg/mL）= 从标准曲线查得含量 × 稀释倍数

（五）注意事项

进行测定时，加福林酚试剂乙时要特别小心，因为福林酚试剂乙仅在酸性条件下稳定，但此实验的反应是在 pH 10 的情况下发生，所以当加福林酚试剂乙时，必须立即混匀（加一管摇一管），以便在磷酸 - 磷钨酸试剂被破坏之前即能发生还原反应，否则会使显色程度减弱。

（六）思考题

（1）含有什么氨基酸的蛋白质能与福林酚试剂呈蓝色反应？

（2）测定蛋白质含量除福林酚试剂显色法以外，还可以用什么方法？

实验3-2-3　总糖及还原糖含量的测定

（一）实验目的

（1）了解总糖、还原糖含量测定的原理与方法。

（2）掌握 DNS 法测定总糖、还原糖含量的操作方法及注意事项。

（二）实验原理

糖的浓度是发酵过程中的重要参数之一，由于碳源对于发酵过程菌体生长及产物合成都有较大影响，因此测知发酵过程中总糖、还原糖浓度变化，对控制发酵有重要的指导意义。

单糖和某些寡糖含有游离的醛基或酮基，有还原性，属于还原糖，而多糖和蔗糖等属于非还原性糖。利用多糖能被酸水解为单糖的性质，可以通过测定水解后的单糖含量对总糖含量进行测定。测定方法有多种，如费林试剂法、酶法、3,5- 二硝基水杨酸（DNS）法、蒽酮法等，此处介绍 DNS 法测定发酵液中的总糖和还原糖含量。

在 NaOH 和丙三醇存在下，3,5- 二硝基水杨酸（DNS）与还原糖共热后被还原生成氨基化合物，碱性溶液中该化合物呈橘红色，在 540 nm 波长处有最大吸收，在一定的浓度范围内，还原糖的量与光密度值呈线性关系，利用比色法可测定样品的含糖量。

DNS　　　　　　　　　　　3-氨基-5-硝基水杨酸

（三）器具材料

药品及试剂：DNS 试剂（称取 6.5 g DNS 溶于少量热蒸馏水，溶解后移入 1000 mL 容量瓶中，加入 2 mol/L NaOH 溶液 325 mL，再加入 45 g 丙三醇，摇匀，冷却后定容至 1000 mL），葡萄糖标准溶液（准确称取 105℃烘干至恒重的葡萄糖 200 mg，加少量蒸馏水使之溶解后，以蒸馏水定容至 100 mL，即含葡萄糖 2.0 mg/mL），6 mol/L HCl 溶液 [取 250 mL 浓盐酸（35%～38%），用蒸馏水稀释到 500 mL]，碘 - 碘化钾溶液（称取 5 g 碘、10 g 碘化钾溶于 100 mL 蒸馏水中），6 mol/L NaOH 溶液，0.1% 酚酞指示剂，发酵不同时间的发酵液等。

仪器及其他用品：离心机，试管，可见光分光光度计，水浴锅，具塞比色皿（定糖管），移液管，电炉，滤纸等。

（四）操作步骤

1）葡萄糖标准曲线制作　　取 6 支具塞比色管（定糖管），按表 3-4 所示，加入 2.0 mg/mL 葡萄糖标准液和蒸馏水。

表 3-4　葡萄糖标准曲线的绘制

管号	葡萄糖标准液 /mL	蒸馏水 /mL	葡萄糖含量 /mg	A_{540}
0	0	1	0	
1	0.2	0.8	0.4	
2	0.4	0.6	0.8	
3	0.6	0.4	1.2	
4	0.8	0.2	1.6	
5	1.0	0	2.0	

在表 3-4 所示试管中分别加入 DNS 试剂 2.0 mL，于沸水浴中加热 2 min 进行显色，取出后用流动水迅速冷却，各加入蒸馏水 9.0 mL，摇匀，用空白管溶液调零点，在 540 nm 波长处测定光密度值。以葡萄糖含量（mg/mL）为横坐标，光密度值为纵坐标，绘制标准曲线，求出回归方程。

2）发酵液检测样品的制备

（1）还原糖测定样液：取发酵液 4000 r/min 离心 10 min 去除菌体。准确量取 5 mL 发酵上清液（视含糖量高低而定，在发酵周期内不同时期取样数量应有所不同）于 100 mL 容量瓶中，以水稀释至刻度，摇匀，滤纸过滤，取滤液，用于测定发酵液还原糖。

（2）总糖测定样液：量取发酵上清液 5 mL，加入 6 mol/L HCl 溶液 10 mL，蒸馏水 10 mL，在沸水浴中加热 0.5 h，取出 1 或 2 滴置于白瓷板上，加 1 滴碘 - 碘化钾溶液检查水解是否完全。如已水解完全，则不呈现蓝色。水解毕，冷却至室温后加入 1 滴酚酞指示剂，以 6 mol/L NaOH 溶液中和至溶液呈微红色，并定容到 100 mL，过滤后取滤液用于总糖测定。如有必要，再做适当稀释。

3）样品中含糖量的测定　　取 7 支具塞比色皿，分别按表 3-5 所示加入试剂。

加完试剂后，将比色皿于沸水浴中加热 2 min 进行显色，取出后用流动水迅速冷却，各加入蒸馏水 9.0 mL，摇匀，在 540 nm 波长处测定光密度值。测定后，取样品的光密度平均值在标准曲线上查出相应的糖含量，或根据标准品的回归方程计算出检测样品的糖浓度。

表 3-5　含糖量的测定

	管号	样品液 /mL	DNS 试剂 /mL	OD_{540}
空白	0	1	2	
还原糖	1	1	2	
	2	1	2	
	3	1	2	
总糖	4	1	2	
	5	1	2	
	6	1	2	

4）计算　　按下式计算出样品中还原糖和总糖的含量：①发酵液还原糖（mg/mL）= 测试样品还原糖浓度（mg/mL）× 发酵液稀释倍数；②发酵液总糖（mg/mL）= 测试样品总糖浓度（mg/mL）× 发酵液稀释倍数（20）。

（五）注意事项

（1）试剂不可倒出试剂瓶，用干净的移液管吸取，用后盖好瓶塞，放回原处。
（2）比色管的管口在加热时不可朝向人，以免糖液过度沸腾飞溅伤人。
（3）葡萄糖标准曲线绘制要准确，尽量符合统计学意义（$R^2 > 0.97$）。
（4）标准曲线制作与样品含糖量测定应同时进行，一起显色和比色。

（六）思考题

（1）测定发酵液的还原糖浓度时，为什么要预先将发酵液中的菌体离心分离？如果不分离，对测定结果可能会有什么影响？
（2）还原糖和总糖测定样品在制备方法上有何不同？

实验3-2-4　乙醇浓度的测定

（一）实验目的

了解并掌握利用重铬酸钾测定乙醇浓度的原理及方法。

（二）实验原理

乙醇的含量是很多发酵产品重要的质量指标之一，发酵液中乙醇含量测定方法主要有分光光度法、比重法、气相色谱法等。本实验则利用分光光度法对发酵液中的乙醇含量进行测定。重铬酸钾作为一种常用的氧化剂，在各种分析中有较多应用，用于乙醇含量的测定也较为常见。在硫酸介质中，乙醇可定量地被重铬酸钾氧化，生成绿色的三价铬，其最大吸收波长为 600 nm 左右，且光密度值与乙醇浓度成正比，此方法应用于乙醇含量的测定较为简便、实用。

$$3CH_3CH_2OH + 2K_2Cr_2O_7 + 8H_2SO_4\,(浓)\longrightarrow$$

$$2Cr_2(SO_4)_3 + 2K_2SO_4 + 3CH_3COOH + 11H_2O$$

（三）器具材料

药品及试剂：重铬酸钾溶液，无水乙醇，浓硫酸（98%），发酵液等。

仪器及其他用品：容量瓶，锥形瓶，移液管，锡箔纸，恒温水浴锅，可见光分光光度计等。

（四）操作步骤

（1）标准曲线的制备：准确吸取 5 mL 无水乙醇，加入 100 mL 容量瓶中，定容成 5.0% 乙醇标准液。然后再吸取上述标准液 0.0 mL、1.0 mL、2.0 mL、3.0 mL、4.0 mL、5.0 mL、6.0 mL、7.0 mL 于 50 mL 容量瓶中，此标准系列相当于试样中含有 0.00%、0.10%、0.20%、0.30%、0.40%、0.50%、0.60%、0.70%（V/V）的乙醇。取上述标准液 5 mL 加入锥形瓶中，然后依次加入 10 mL 2.0% 的重铬酸钾溶液和 5.0 mL 98% 浓硫酸，混匀，用一层锡箔纸轻封口。于水浴锅中反应 10～15 min，摇匀，冷却至室温。以空白标准液作参比，在 610 nm 波长下测定各浓度的光密度值。用光密度值对乙醇浓度作图，绘制标准曲线。

（2）试样的测定：将 5.0 mL 发酵液加到 100 mL 容量瓶中定容。取 5 mL 加入锥形瓶中，并加 2.0% 的重铬酸钾溶液 10 mL 和浓硫酸 5.0 mL，混匀，用一层锡箔纸轻封口。于水浴锅中反应 15～20 min 后，摇匀，冷却至室温。以空白标准液作参比，在 610 nm 波长下测定其光密度值。根据标准曲线确定发酵液中的乙醇含量。

（五）注意事项

（1）标准曲线的绘制应尽量准确，尽量符合统计学意义（R^2 尽量接近 1）。

（2）在水浴锅中进行反应时，水浴锅温度一般设置为 60～80℃，如有沸水浴，水浴时间可适当减少至 10 min。

（六）思考题

结合本实验并查找相关资料，分析比较其他方法（比重法、气相色谱法）测定乙醇含量的异同点。

实验3-2-5　谷氨酸含量的测定

（一）实验目的

了解和掌握快速测定发酵过程中谷氨酸含量的方法。

（二）实验原理

以 L- 谷氨酸纯品的不同浓度溶液与茚三酮试剂反应的特殊显色产物的光密度值，获得一条标准曲线。因此，只要测得发酵液与茚三酮试剂反应产物的 OD 值，即可从标准曲线上查得其相应的谷氨酸浓度。

（三）器具材料

药品及试剂：L- 谷氨酸分析纯，茚三酮，丙酮，NaOH，HCl，乙醇，蒸馏水等。

仪器及其他用品：高速离心机，可见光分光光度计，恒温水浴锅，锥形瓶，小试管，烧杯，玻璃棒，1 mL 移液器及匹配枪头，旋转蒸发器，精密 pH 试纸（3～7），冰箱等。

（四）实验步骤

1）谷氨酸标准曲线的绘制

（1）制备 L- 谷氨酸纯品梯度稀释溶液：分别称取 0.05～0.5 g 分析纯 L- 谷氨酸，并分别溶解到 100 mL 蒸馏水中，调节 pH 5.5～6.0。

（2）茚三酮试剂的制备：称取 0.5 g 茚三酮溶于 100 mL 丙酮。

（3）pH 调节试剂的制备：2 mol/ NaOH 溶液（称取 80 g NaOH 溶于 100 mL 蒸馏水中），1 mol/L HCl 溶液（量取 36 mL 盐酸溶于 64 mL 蒸馏水中）。

（4）标准溶液 OD_{569} 的测定：取 20 支试管，分别加入 3 mL 配制好的（0.5～5.0）g/100 mL 的 L- 谷氨酸纯品溶液各 2 管。每支试管分别沿壁加入茚三酮试剂 0.5 mL，摇匀，迅速置于 80℃水浴，3 min 后，快速冰浴 3 min。由于 L- 谷氨酸与茚三酮反应产物的最大光吸收波长为 569.314 nm，将可见光分光光度计波长调至 569 nm 处，以蒸馏水为空白对照，用 1 cm 石英比色皿比色，测出各浓度标准样品 OD_{569}。以谷氨酸浓度为横坐标，以 OD_{569} 为纵坐标，绘制标准曲线。

2）发酵液谷氨酸含量测定

（1）谷氨酸发酵液 11 400 r/min，离心 5 min，取上清，蒸馏水稀释 100 倍，调节 pH 5.5～6.0。

（2）取 3 mL 预处理好的发酵液加入 15 mm×150 mm 试管，调整 pH 5.5 左右，沿试管壁加入 0.5 mL 茚三酮试剂，充分混匀，迅速置于 80℃水浴 3 min；冰浴 3 min。

（3）将可见光分光光度计波长调至 569 nm 处，以 100 倍稀释的空白发酵培养基为空白对照，用 1 cm 石英比色皿比色，测出 OD_{569}。从标准曲线上查出相应 L- 谷氨酸浓度。将从标准曲线上查得的数据乘以稀释倍数即为实际谷氨酸发酵液中 L- 谷氨酸浓度值。

（4）对发酵液谷氨酸含量的结果进行记录，并绘制发酵过程谷氨酸含量变化的曲线图。

（五）注意事项

测定标准曲线时应从各个方面减少实验误差，使其尽量具有统计学意义。

（六）思考题

（1）影响谷氨酸含量测定的因素有哪些？如何避免？
（2）通过查阅资料，叙述谷氨酸的测定方法还有哪些。

实验3-2-6　双乙酰含量的测定

（一）实验目的

（1）学习啤酒发酵液中双乙酰含量的测定及分析方法。
（2）了解双乙酰在啤酒风味中的作用。

（二）实验原理

双乙酰是啤酒发酵过程中产生的一种成熟风味物质，是啤酒成熟的标志。但由于它的味阈值较低，只有 0.1 mg/L，因此当双乙酰还原不彻底时，很容易使啤酒出现饭馊味。双乙酰是经其前体物 α - 乙酰乳酸脱羧而来的，其过程比较缓慢。双乙酰又经酵母代谢作用被还原为丁二醇，其过程比较迅速。由于脱羧过程较慢，造成 α - 乙酰乳酸持续积累使双乙酰含量先减少后增加，由此造成风味品质的下降。影响啤酒发酵产生及还原双乙酰的因素主要包括酵母菌株、麦汁组成及发酵操作（发酵温度、接种量，发酵罐压），而通过控制发酵过程，控制双乙酰在啤酒中的含量则是生产中的重要一环。

双乙酰的测定方法有气相色谱法、极谱法和比色法等。邻苯二胺比色法是连二酮类都能发生显色反应的方法，所以此法测得的值为双乙酰与 2,3- 戊二酮的总量，结果偏高。但因啤酒中 2,3- 戊二酮的量远低于双乙酰，且其味阈值（1 mg/L）较双乙酰高，对啤酒风味不起多大的作用，再加上此法快速简便，因此是国家标准规定的方法。通过蒸汽将双乙酰从样品中蒸馏出来，加邻苯二胺，形成 2,3- 二甲基喹喔啉，其盐酸盐在 335 nm 波长下有一最大吸收峰，可进行定量测定。

双乙酰　　　　　邻苯二胺　　　　　2,3-二甲基喹喔啉

（三）器具材料

药品及试剂：啤酒试样，蒸馏水，HCl 溶液（4 mol/L），有机硅消泡剂（或甘油聚醚），邻苯二胺溶液（10 g/L。称取邻苯二胺 0.100 g，用 4 mol/L HCl 溶液溶解，并定容至 10 mL，摇匀，放于暗处。此溶液须当天配制与使用；若配制出来的溶液呈红色，应重新更换）等。

仪器及其他用品：带有加热套管的双乙酰蒸馏器，蒸汽发生瓶：2000 mL（或 3000 mL）锥形瓶或平底蒸馏烧瓶，容量瓶（25 mL），紫外分光光度计，20 mm 或 10 mm 石英比色皿等。

（四）操作步骤

1）蒸馏

（1）将双乙酰蒸馏器安装好，加热蒸汽发生瓶至沸腾。

（2）通蒸气预热后，置 25 mL 容量瓶于冷凝器出口接收馏出液（外加冰浴），加 1～2 滴消泡剂于 100 mL 量筒中，再注入未经除气的预先冷至 5℃的酒样 100 mL，迅速转移至蒸馏器内，并用少量水冲洗带塞漏斗，盖塞。然后用水密封，进行蒸馏。

（3）直至馏出液接近 25 mL（蒸馏需在 3 min 内完成）时，取下容量瓶，达到室温后用重蒸水定容，摇匀。

2）显色与测量

（1）分别吸取馏出液 10.0 mL 于两支干燥的比色管中，并于第一支管中加入邻苯二胺溶液 0.50 mL，第二支管中不加（做空白），充分摇匀后，同时置于暗处放置 20～30 min。

（2）于第一支管中加入 2 mL 4 mol/L 盐酸溶液，于第二支管中加入 2.5 mL 4 mol/L 盐酸溶液，混匀后，用 20 mm（或 10 mm）石英比色皿，于波长 335 nm 下，以空白作参比，测定其光密度值（比色测定操作须在 20 min 内完成）。

3）记录结果　　试样中的双乙酰含量可用下式计算：

$$x = OD_{335} \times 1.2$$

式中，x 为试样中的双乙酰含量（mg/L）；OD_{335} 为 335 nm 波长下，用 20 mm 石英比色皿测得的光密度值，若用 10 nm 比色皿，换算系数由 1.2 改为 2.4。

优级啤酒双乙酰含量 <0.1 mg/L，一级啤酒双乙酰含量 <0.15 mg/L，二级啤酒双乙酰含量 <0.2 mg/L。

（五）注意事项

（1）严格控制蒸汽量，勿使泡沫过高，以免双乙酰被蒸汽带走而导致蒸馏失败。

（2）紫外分光光度计使用前应预热 20～30 min，显色反应在暗处进行，否则导致结果偏高。

（3）在进行多份酒样测定时，在两个样品蒸馏之间，仪器不需要清洗。

（六）思考题

（1）如何通过发酵操作，控制双乙酰含量？

（2）大量用辅料生产啤酒，对双乙酰含量有何影响？

实验3-2-7 苦味质含量的测定

（一）实验目的

（1）学习啤酒中苦味质含量的测定方法。

（2）了解苦味质在麦汁发酵过程中的变化规律。

（二）实验原理

啤酒的苦味来自酒花软树脂，其主要成分是α-酸经异构化后形成的异α-酸。α-酸的溶解度比较低，在传统的酒花添加方法中，酒花中的α-酸只有50%左右溶于麦汁中。在麦汁煮沸、冷却、发酵和贮藏过程中，由于麦汁通风量、温度及pH的变化，以及被热、冷凝固物、酵母、发酵产生的泡盖及助滤剂等物质吸附，生成的异α-酸有很大一部分损失掉。根据生产工艺的不同，其最终利用率一般只有20%～30%。因此，起作用的苦味质其实是溶解于澄清麦汁中的最终异α-酸，检测麦汁（啤酒）中苦味质含量就是检测其中异α-酸的含量。

本实验原理：酸化的啤酒可用异辛烷萃取其苦味物质异α-酸，以紫外分光光度计在275 nm波长下测其光密度值，用以计算其相对含量。

（三）器具材料

药品及试剂：啤酒样品，盐酸（6 mol/L），异辛烷（色谱纯）等。

仪器及其他用品：低速离心机，电动振荡机，紫外分光光度计，离心管（50 mL），移液器，锥形瓶（250 mL），玻璃珠，比色皿（10 mm）等。

（四）操作步骤

（1）调节啤酒样品温度在15～20℃，将大约100 mL酒样倒入250 mL锥形瓶中，盖塞，在恒温室内轻轻划圈摇动。开塞放气，盖塞，反复操作直至无气体逸出。

（2）放置12 min，吸取10.0 mL已除气的温度在（20±1）℃的啤酒至50 mL离心管中，并加入6 mol/L盐酸溶液0.5 mL和异辛烷20 mL，再加入3个玻璃珠，盖上盖。在电动振荡机上振荡15 min，然后移到离心机上以3000 r/min离心15 min，使其分层。

（3）取离心后的上层清液，置于 1 cm 石英比色皿中，在波长为 275 nm 处，以异辛烷作空白，测其光密度值。则啤酒中苦味物质的含量为

$$x = OD_{275} \times 50$$

式中，x 为试样中苦味质的含量（BU）；OD_{275} 为在 275 nm 波长下，测得试样的光密度值；50 为换算系数。

（五）注意事项

（1）异辛烷提纯时，要在通风柜中蒸馏，注意防火，切勿烘干。
（2）应将啤酒（发酵液）中的气充分除尽。

（六）思考题

（1）啤酒苦味质的形成原理是什么？
（2）对于浑浊的样品是否可通过过滤来澄清？影响 α - 酸异构化的因素有哪些？

第三节　其他常见发酵参数的测定

除了无机盐离子及有机成分含量的测定外，还有很多发酵生化参数在发酵实验中经常需要使用。通常处于摇瓶发酵水平时，一些重要的参数如菌体浓度、溶氧系数等不能像发酵罐传感器那样监测而直接得到数据，必须使用生化手段对发酵液的某些性质进行分析，此时掌握这些发酵参数的测定方法就显得很有必要。此外，本节还通过以某些抗生素的发酵实验为例，着重介绍了其发酵流程及效价评价的方法。

实验3-3-1　菌体浓度的测定

（一）实验目的

以大肠杆菌为例，了解利用分光光度法测定菌体浓度的原理；掌握分光光度法测定菌体浓度的操作方法。

（二）实验原理

发酵液中菌体浓度的测定有多种方法，本实验采用分光光度法进行测定。其原理即一定波长的光透过相应吸收这种光的溶液时，光密度值大小与发酵液中的菌体量成一定的比例关系，菌体浓度高，其光密度值也大，反之亦然，所以可以通过测定发酵液的光密度值间接判断发酵液的菌体浓度。

本实验以大肠杆菌（*Escherichia coli*）为实验菌株，通过测定发酵液的菌体浓度，对大肠杆菌的发酵进行初步的监测。

（三）器具材料

药品及试剂：斜面菌种，蒸馏水，NaOH 溶液（0.1 mol/L）等。

培养基：蛋白胨 10 g，酵母膏 10 g，NaCl 5 g，蒸馏水定容至 1 L，pH 7.2。

仪器及其他用品：试管（10 mL），移液管，移液器，磁力搅拌器，可见光分光光度计等。

（四）操作步骤（大肠杆菌菌液可由教师课前准备）

取适量发酵液，以蒸馏水为参比测定其光密度值，根据 OD 值的大小将发酵液配制成不同稀释度的系列标样，使 OD 值尽量控制在 0.2～0.8。

（1）以稀释倍数分别为 1 倍、2 倍、5 倍、10 倍、50 倍对所取发酵液进行稀释。取 5 支试管，分别在其中加入 5 mL、2.5 mL、1.0 mL、0.5 mL、0.1 mL 发酵液。按顺序在其中加入 0 mL、2.5 mL、4.0 mL、4.5 mL、4.9 mL 蒸馏水，并用磁力搅拌器高速搅拌。稀释倍数分别为 1 倍、2 倍、5 倍、10 倍、50 倍。

$$每个试管发酵液的浓度(g/L)=\frac{发酵液菌体浓度}{稀释倍数}$$

（2）以稀释剂为参比，在波长 600 nm 比色，测定光密度值。

（3）以测得的系列标样的光密度值为横坐标，菌体浓度为纵坐标绘制工作曲线，并计算出回归方程 $y=a \cdot x+b$，其中 y 表示菌体浓度（g/L），x 表示该浓度下光密度值。

（4）取同一批次任意时期的发酵液测定其光密度值，将光密度值代入工作曲线中即可求得相应的菌体浓度。

（5）读取每次数据并记录于表 3-6 中。

表 3-6　菌体浓度、光密度值的测定

稀释倍数	OD_{660}	菌体浓度
1		
2		
5		
10		
50		

（五）注意事项

实验中可优先选用去离子水作参比，对菌液进行稀释时应确保稀释均匀。

（六）思考题

（1）为什么测定菌体浓度的波长要取 600～660 nm？

（2）测量误差可能存在于哪些操作中？

（3）查阅资料，测定菌体浓度的方法还有哪些？比较几种测定菌体浓度方法的优缺点。

实验3-3-2　　发酵菌株生长曲线的测定

（一）实验目的

（1）了解细菌生长曲线特点及测定原理。

（2）学习用比浊法测定细菌的生长曲线。

（二）实验原理

将少量细菌接种到一定体积的、适合的新鲜培养基中，在适宜的条件下进行培养，定时测定培养液中的菌量，以菌量的对数作纵坐标，生长时间作横坐标，绘制的曲线称为生长曲线，它反映了单细胞微生物在一定环境条件下于液体培养时所表现出的群体生长规律。依据其生长速率的不同，一般可把生长曲线分为延缓期、对数期、稳定期和衰亡期。这 4 个时期的长短因菌种的遗传性、接种量和培养条件的不同而有所改变。因此通过测定微生物的生长曲线，可了解各菌的生长规律，对于科研和生产都具有重要的指导意义。

测定微生物的数量有多种不同的方法，可根据要求和实验室条件选用。本实验采用比浊法测定，由于细菌悬液的浓度与光密度值成正比，因此可利用分光光度计测定菌悬液的光密度来推知菌液的浓度，并将所测的 OD 值与其对应的培养时间作图，即可绘出该菌在一定条件下的生长曲线，此法快捷、简便。值得注意的是，由于光密度表示的是培养液中的总菌数，包括活菌与死菌，因此所测生长曲线的衰亡期不明显。从生长曲线我们可以算出细胞每分裂一次所需要的时间，即代时，以 G 表示。其计算公式为

$$G = (t_2 - t_1) / [(\lg w_1 - \lg w_2) / \lg 2]$$

式中，t_1 和 t_2 为所取对数期两点的时间；w_1 和 w_2 分别为相应时间测得的细胞含量（g/L）或 OD 值。

（三）器具材料

药品及试剂：大肠杆菌斜面菌种，营养肉汤培养基（配方见附录Ⅱ）等。

仪器及其他用品：可见光分光光度计，比色杯，恒温摇床，无菌吸管，试管，锥形瓶（250 mL），接种工具，计时器，–20℃冰箱等。

（四）操作步骤

（1）种子液制备：取大肠杆菌斜面菌种 1 支，以无菌操作挑取 1 环菌苔，接入营养肉汤培养液中，静止培养 18 h 作种子培养液。

（2）标记编号：取盛有 50 mL 无菌营养肉汤培养液的 250 mL 锥形瓶 8 个，分别编号为 0 h、1.5 h、3 h、4 h、6 h、8 h、10 h、12 h。

（3）接种培养：用 2 mL 无菌吸管分别准确吸取 2 mL 种子液加入已编号的 8 个锥形瓶中，于（36±1）℃条件下振荡培养。然后分别按对应时间将锥形瓶取出，立即放冰箱中贮存，待培养结束时一同测定 OD 值。

（4）生长量测定：将未接种的营养肉汤培养基倾倒入比色杯中，选用 600 nm 波长可见光分光光度计上调节零点，作为空白对照，并对不同时间培养液从 0 h 起依次进行测定，对浓度大的菌悬液用未接种的营养肉汤培养基适当稀释后测定，使其 OD_{600} 为 0.10～0.65，经稀释后测得的 OD 值要乘以稀释倍数，才是培养液实际的 OD_{600}。

（5）结果的记录：将测定的 OD_{600} 记录于表 3-7 中。

表 3-7　菌体生长光密度值分时记录表

时间 /h	0	1.5	3	4	6	8	10	12
OD_{600}								

（五）注意事项

（1）若光密度值太高，可适当稀释后再进行测定。

（2）因培养液中含有较多的颗粒性物质（包括菌体），测光密度值应马上读数，否则，颗粒沉淀，影响测定结果。

（六）思考题

（1）如果每次从同一摇瓶中取出 1 mL 进行测定，会对结果产生怎样的影响？

（2）根据实验结果，谈谈工业上如何缩短发酵时间？

实验3-3-3　体积溶氧系数的测定

（一）实验目的

（1）以摇瓶发酵为例，了解溶氧的原理，掌握用亚硫酸盐氧化法测定溶氧系数（$K_L a$）的技能。

（2）掌握测定不同装液量时摇瓶溶氧系数的方法。

（二）实验原理

摇床的偏心旋转或往复运动，使置于其上的锥形瓶内的液体受到周期性的振摇作用，产生气液混合与分散，空气中的氧不断溶解到溶液中。溶液中的 SO_3^{2-} 在 Cu^{2+} 的催化下很快被溶氧氧化，成为 SO_4^{2-}，使溶液溶氧的浓度为零，即 $c=0$。

其反应式：

$$2Na_2SO_3 + O_2 \longrightarrow 2Na_2SO_4$$

剩余的 Na_2SO_3 与过量的碘作用：

$$Na_2SO_3 + I_2 + H_2O \longrightarrow Na_2SO_4 + 2HI$$

再用标准的 $Na_2S_2O_3$ 滴定剩余的碘：

$$2Na_2S_2O_3 + I_2 \longrightarrow Na_2S_4O_6 + 2NaI$$

（三）器具材料

药品及试剂：0.05 mol/L $Na_2S_2O_3$ 标准溶液，0.1 mol/L 碘液，1% 淀粉指示剂，无水亚硫酸钠，硫酸等。

仪器及其他用品：往复式或旋转式摇床，天平，锥形瓶，碘量瓶，移液管等。

（四）操作步骤

（1）配 0.25 mol/L Na_2SO_3 溶液 300 mL（含有 0.02 mol/L $CuSO_4$ 作催化剂），量取 50 mL、200 mL 分别放入 500 mL 锥形瓶中，置于摇床上，启动摇床摇匀后，使摇床暂停，取样液 2 mL，放入已装有 20 mL 0.05 mol/L 碘液的碘量瓶中，暗处放置 5 min 后，用 $Na_2S_2O_3$ 标准溶液滴定，滴至淡黄色时加入 1% 淀粉指示剂 2 滴，继续滴至无色为终点，所耗的 $Na_2S_2O_3$ 标准溶液为 V_1。

（2）重新启动摇床并计时，摇动 10 min（t）停摇床，按同上步骤测定，消耗的 $Na_2S_2O_3$ 标准溶液为 V_2。

（3）实验记录及计算：记录 $Na_2S_2O_3$ 标准溶液的用量填入表 3-8 中后计算得出结果。

表 3-8　溶氧系数实验记录表

装液量 /mL	V_1/ mL	V_2/mL	V /mL	K_La /min^{-1}
50				
200				

$$体积溶氧速率 N_V \left(\frac{molO_2}{L \cdot h} \right) = \frac{15\Delta Vc}{mt}$$

式中，ΔV 为两次取样滴定耗去 $Na_2S_2O_3$ 标准溶液毫升数的差值；c 为 $Na_2S_2O_3$ 标准溶液的摩尔浓度（mol/L）；m 为样液的体积（mL）；t 为两次取样的间隔时间（min）。

因 $N_v=K_La \cdot c^*$，在亚硫酸盐氧化法中规定 $c^*=0.21$ mmol/L，所以 $K_La=N_v/0.21=4.8 \times 10^3 N_v$。

（五）注意事项

（1）取样时，吸管的下端离开碘液液面不要超过 1 cm，以防止进一步氧化。

（2）滴定终点为溶液由水蓝色变为无色，且 30 s 内不变色。

（六）思考题

（1）不同的装液系数对溶氧系数有何影响？为什么？

（2）影响 K_La 的因素有哪些？用该法测定 K_La 的不足之处是什么？

实验3-3-4 效价的化学法测定

（一）实验目的

以红霉素为例，了解磷酸法测定效价的原理，并掌握其测定方法。

（二）实验原理

红霉素发酵液化学效价测定一般采用硫酸水解法，即红霉素经硫酸水解后呈棕黄色物质，但是硫酸具有强氧化性和脱水性，具有很强的腐蚀性，在实验教学中具有一定的危险性，而磷酸无氧化性，用磷酸酸化可优于硫酸。红霉素和磷酸反应呈黄色，在一定浓度范围内颜色的深浅与效价呈线性关系，据此原理可以测定发酵液中的红霉素效价。

（三）器具材料

药品及试剂：红霉素发酵液（预先准备），10 mol/L 磷酸溶液（将浓磷酸 682 mL 倒入蒸馏水定容至 1000 mL，摇匀，冷却），磷酸盐缓冲液（称取 KH_2PO_4 0.41 g，K_2HPO_4 5.59 g，加蒸馏水定容至 1000 mL，此时 pH 应为 7.8～8.0，灭菌后备用），红霉素标准品、浓磷酸、无水乙醇均为分析纯级。

仪器及其他用品：水浴锅，可见光分光光度计，漏斗，滤纸，容量瓶（50 mL、10 mL），移液器（200 μL、1000 μL）等。

（四）操作步骤

1）标准曲线方程的制作 精密称取红霉素标准品，用少量无水乙醇溶解后，移入 50 mL 容量瓶，用磷酸盐缓冲液稀释至 50 mL，使浓度至 1000 U/mL。然后分别精确吸取 0.08 mL、0.12 mL、0.16 mL、0.20 mL、0.24 mL、0.28 mL、

0.32 mL、0.36 mL、0.40 mL 标准品溶液，用蒸馏水稀释到 1 mL，即配制成 80 U/mL、120 U/mL、160 U/mL、200 U/mL、240 U/mL、280 U/mL、320 U/mL、360 U/mL、400 U/mL 的标准溶液。分别准确吸取 0.8 mL 标准溶液于另一组 10 mL 容量瓶中，并分别加入 10 mol/L 磷酸 4 mL，摇匀，在沸水浴中煮沸 3 min，移至冷水浴冷至室温，再用 10 mol/L 磷酸稀释至刻度，摇匀，用 1 cm 比色皿，在 485 nm 处测定其 OD_{485}（蒸馏水作对照），根据测得的数据作标准曲线图。

2）发酵样品效价测定

（1）过滤发酵液，得到发酵滤液，把滤液稀释到约 200 U/mL。

（2）准确吸取稀释液 0.8 mL 放入 10 mL 容量瓶，加入 10 mol/L 磷酸 4 mL，摇匀。重复一次。

（3）在沸水浴中煮沸 3 min，移至冷水浴冷至室温，再用 10 mol/L 磷酸稀释至刻度，摇匀。

（4）用蒸馏水作对照，在 485 nm 处测定其光密度值。

（5）记录发酵液样品的 OD_{485}，根据标准曲线方程算出两次测得的效价，并算出平均值。

（五）注意事项

（1）制作标准曲线时，应特别注意移液器的使用（参见第一章第三节），并从各个方面减少实验误差。

（2）水浴条件若为高温水浴而非沸水浴（如 70～80℃），应适当延长温水浴时间。

（六）思考题

（1）红霉素与磷酸反应呈现什么颜色？

（2）未知样品应稀释至什么浓度范围使测定比较准确？

实验3-3-5　生物效价的测定

制备发酵液

（一）实验目的

（1）熟悉斜面接种的操作并完成发酵培养基的配制。

（2）完成摇瓶发酵培养基的接种及效价培养基的配制。

（二）实验原理

洁霉菌群经过紫外线诱变实验（实验 2-2-1）后，存活下来的菌落可能是洁霉素正突变或负突变生产株，此时需要对单个菌落进行斜面培养基的转接，而后通过摇瓶扩大发酵实验，得到洁霉菌的发酵液。本实验主要为下次实验做一些准备工作，以完成对洁霉素生物效价的测定。

（三）器具材料

药品及试剂：10% NaOH 溶液，蒸馏水，已灭菌的 LB 斜面培养基（配方见附录Ⅱ）等。

发酵培养基：葡萄糖 10%，淀粉 2%，黄豆饼粉 2.5%，玉米浆 0.2%，$(NH_4)_2SO_4$ 0.2%，NH_4NO_3 0.2%，NaCl 0.5%，$NaNO_3$ 0.8%，KH_2PO_4 0.025%，$CaCO_3$ 0.8%，pH 7.0～7.5。

生物效价培养基：蛋白胨 0.6%，酵母膏 0.6%，牛肉膏 0.15%，葡萄糖 0.1%，pH 7.8～8.0。

仪器及其他用品：接种环，酒精灯，回旋式恒温振荡培养箱，锥形瓶（250 mL、150 mL），吸管（1 mL、15 mL），培养皿，旧报纸，标签纸，包扎绳，pH 试纸，高压蒸汽灭菌锅等。

（四）操作步骤

（1）挑斜面：将生长好的、孢子丰满的、没有杂菌的单菌落（实验 2-2-1）用接种环挑入斜面，放入培养箱培养 7 d，操作过程要求严格无菌。照射 20 s 和照射 40 s 的菌种各接 1 支斜面（即每人 1 支），贴上标签（注明是照射 20 s/ 照射 40 s）。对照组由专人转接 3 支斜面，也贴好对照组标签。

（2）配制发酵培养基：按 1000 mL 培养基计算出各组分的用量，由专人统一配制。配制过程注意淀粉要先糊化，无机盐要分别用热水溶解后再混合，$CaCO_3$ 要在调节好 pH 后再加入。培养基配制好后分装到 250 mL 的锥形瓶中，装瓶数按每人一瓶，加上公用的对照组用的 3 瓶计算。每个瓶装 25 mL（要用漏斗加入以免弄脏瓶口，引起染菌）。装好后用 8 层纱布塞住瓶口，并用牛皮纸（或旧报纸）和绳子扎紧，121℃，30 min 湿热灭菌，备用。

（3）接发酵瓶：在无菌条件下，将培养好的洁霉菌斜面挖一小块接入已灭菌的发酵培养基中，在 30℃、回旋式恒温振荡培养箱上培养 7 d。每支斜面均转接一只摇瓶（即每人只接 1 瓶），对照组由专人接 3 瓶，注意在瓶壁贴上标签（注明是照射 20 s/ 照射 40 s）。

（4）生物效价培养基配制：按 500 mL 培养基计算出各组分的用量，统一配制。称取各成分（除琼脂外），溶解后稀释至 500 mL，用 10% NaOH 调 pH。配好后按 100 mL/ 瓶分装于 3 只 250 mL 锥形瓶，各加入 1.4 g 琼脂作为下层培养基；培养基按 50 mL/ 瓶分装于 3 只 250 mL 锥形瓶，各加入 0.6 g 琼脂作为上层培养基，贴好标签注明（下次实验中，上、下层培养基均为每 5 组共用 1 瓶）。121℃，30 min 湿热灭菌，备用。

（5）每 5 组包扎好 1 mL 吸管 1 支，15 mL 吸管 1 支，9 cm 培养皿 5 个（可

用铜筒装灭菌），165℃，90 min 干热灭菌，备用。

（五）注意事项

注意接种等环节的严格无菌操作，相应摇瓶均需贴好对应标签。

（六）思考题

（1）淀粉糊化具体应如何操作？
（2）$CaCO_3$ 的作用是什么？为什么要调好 pH 才能加入？
（3）摇瓶装量的多少取决于什么？摇瓶为什么不用棉塞而用纱布？
（4）恒温振荡器的作用是什么？其转速的快慢由什么决定？
（5）效价培养基为什么要分上下层？上层培养基用量为什么要少一些？

测 定 效 价

（一）实验目的

以洁霉素为例，了解用管碟法测定抗生素效价的原理并掌握其测定方法。

（二）实验原理

抗生素是一种生理活性物质，其剂量常用质量和效价来表示。化学合成和半合成的抗菌药物都以质量表示，生物合成的抗生素以效价表示，并同时注明与效价相对应的质量，效价是以抗菌效能（活性部分）作为衡量的标准，因此效价的高低是衡量抗生素品质的相对标准。效价以"单位"（U）来表示，微生物检定法是以抗生素对微生物的抗菌效力作效价的衡量标准之一，具有与应用原理相一致、用量少和灵敏度高等优点。管碟法作为琼脂扩散法中的一种，已被世界各地广泛应用于抗生素生物检定。

管碟法检定抗生素的原理是当抗生素在菌层培养基中扩散时，会形成抗生素浓度由高到低的自然梯度，即扩散中心浓度高而边缘浓度低。因此，当抗生素浓度达到或高于 MIC（最低抑制浓度）时，实验菌就被抑制而不能繁殖，从而呈现透明的抑菌圈，根据扩散定律的推导，抗生素总量的对数值与抑菌圈直径的平方呈线性关系。且在一定的实验条件下，可直接利用抑菌圈的直径近似地代替其平方，因而当实验条件相同时，可简化为只比较标准品和样品的抑菌圈大小，以求得样品的生物效价。

本实验通过将标准洁霉菌溶液（出发菌种）与未知效价的诱变菌样品溶液，在同一培养皿中（即相同培养条件）进行培养，18 h 后测定抑菌圈的大小（直径），按其值来分析诱变的结果。

（三）器具材料

药品及试剂：藤黄八叠球菌悬浮液，洁霉菌发酵液，上、下层培养基（均微波熔化，备用），磷酸盐缓冲液（KH_2PO_4 0.41 g，K_2HPO_4 5.59 g，蒸馏水 1000 mL，pH 7.8，统一配制）等。

仪器及其他用品：直径 9 cm 的培养皿（已干热灭菌，每组 1 个），15 mL 吸管 1 支，1 mL 吸管 1 支（已干热灭菌），金属镊子 1 把，胶头滴管、漏斗若干，三角尺（带毫米刻度，每组自备），牛津杯 3 个等。

（四）操作步骤

实验前准备：标准试验菌种为藤黄八叠球菌，保存在 4℃ 冰箱内，使用时以无菌操作接种于培养基斜面上，于 37℃ 培养 24 h 后，保存于 4℃ 冰箱内作为工作菌种（每周转接一次）。本实验用 1 只 250 mL 锥形瓶（30 mL 固体培养基，接种后培养 24 h，备用），用 12 mL 无菌生理盐水洗下，在加有数十粒玻璃珠的 150 mL 锥形瓶（湿热灭菌）中打散，做成菌悬浮液（可由教师提前制备）。

（1）放瓶：将培养好的发酵瓶从振荡培养器上取下，并进行外观检查，看其颜色、测其 pH、闻其气味、观其稠度等，以初步判断摇瓶生长情况及是否染菌。

（2）发酵液过滤：用加滤纸或塞有棉花的漏斗过滤，注意不要事先用水润湿滤纸或棉花。

（3）稀释发酵液：发酵液的估计单位为 1000 U/mL。取 0.5 mL，在试管中用 pH 7.8 的缓冲液将样品稀释至 5 U/mL 备用（不需要无菌操作）。对照组的由专人进行。

（4）底层的制备：将下层培养基趁热倒入培养皿中，每碟约 15 mL（不用吸管加），水平放置于桌子上冷却备用。注意一定要使培养基表面铺得非常均匀。

（5）含菌层的制备：将上层培养基冷却至 60℃ 左右（以手背试不烫为合适），用 1 mL 灭菌吸管加入 0.2 mL 菌悬浮液，摇匀，然后在已冷却的下层培养基上用 15 mL 灭菌吸管加入 5 mL 上层培养基，迅速摇匀，注意一定要铺得非常均匀，使培养皿中的培养基厚度一致，冷却后备用。

（6）牛津杯的加入：先在已完全冷却的培养皿底部距培养皿边缘 2 cm 处贴好 3 个小标签，分别为对照组、照射 20 s 和照射 40 s，使其成正三角形排列。再用镊子轻轻将牛津杯按小标签位置放在培养基上，千万不能让牛津杯陷入培养基中。按标签分别用胶头滴管滴入相应的 5 U/mL 稀释液，滴满为止，注意不要溢出漏到培养基中。保持每个牛津杯中的液体量相同，然后盖上陶瓦盖，小心地将培养皿放入 37℃ 培养箱中培养。18 h 后，将培养皿取出，倒出牛津杯，即可量取抑菌圈的大小。

（五）注意事项

（1）若摇瓶确认已染菌，可借其他组未染菌的发酵液进行实验。

（2）进行效价分析的培养基需确保培养基各处厚度均一致，加样后的平板须轻拿轻放，勿使其中的牛津杯移动。

（六）思考题

（1）抗生素效价的定义是什么？
（2）杯碟法测定抗生素的原理是什么？
（3）影响此法精确度的因素是什么？
（4）上、下层培养基的作用是什么？为什么要用不同的琼脂用量？
（5）为节省缓冲液用量，稀释应如何进行？

第四章　发酵产品实验

微生物发酵是指利用微生物，在适宜的条件下，将原料经过特定的代谢途径转化为人类所需要的产物的过程。大体来看，微生物发酵产品按来源可分为微生物菌体发酵、微生物酶制剂发酵、微生物代谢发酵、微生物转化发酵、工程菌发酵、细胞发酵等。发酵产品按产业则可具体划分为酿酒工业、抗生素发酵工业、酶制剂发酵工业、有机发酵工业、功能食品生产产业、菌体制造等。当然发酵产品的划分还有很多方式，在此就不一一列举。

本章主要对以上几大产业代表性产品的制作原理与方法进行系统阐述。本章共两节，通过具体的发酵产品实验，分别对基础发酵产品及典型发酵工业产品进行论述。

第一节　基础发酵产品的制作

本节的内容以发酵工程工艺中几个简单易行的实验案例为主，都分属于食品发酵的内容，在一定程度上也更加贴近生活，具体介绍酸奶、甜酒酿、食醋等基础发酵产品的发酵工艺流程与风味品评，学习者在日常生活中也可尝试操作。本节还对酱油的完整酿制过程进行了介绍，以便更好地让学生了解基础发酵产品制作的整个工艺流程。

实验4-1-1　酸奶的制作

（一）实验目的

（1）了解乳酸菌的生长特性和乳酸菌发酵的基本原理。
（2）学习酸奶的制作方法。

（二）实验原理

酸奶是牛奶经过均质、消毒、发酵等过程加工而成的产品，由于其营养丰富、易于吸收、物美价廉，深得人们喜爱。酸奶中含有活的益生菌，有助于维持人体肠道中的菌群平衡，因而是一种微生态制剂类保健饮料。酸奶的品种很多，根据发酵工艺的不同，可分为凝固型酸奶和搅拌型酸奶两大类。凝固型酸奶在接种发酵菌株后，立即进行包装，并在包装容器内发酵后熟；搅拌型酸奶先在发酵罐中接种、发酵，发酵结束后再进行无菌罐装并后熟。

嗜热链球菌和保加利亚乳杆菌是两类最常用的酸奶发酵菌种，乳酸菌种可以从市场销售的各类酸奶中分离得到。近年来，人们又将双歧杆菌引入酸奶制造过程中，使传统的单株发酵变为双株或三株共生发酵。双歧杆菌菌体尖端呈分枝状（如"Y"形或"V"形），是一种无芽孢革兰氏阳性厌氧菌，其产生的活性物质成分，使酸奶在原有的助消化、促进肠胃功能的基础上，又具备了一定的防癌、保健作用。然而目前虽然双歧杆菌的诸多保健作用已得到公认，但由于其不易培养且具有特殊异味，尚未在乳品行业全面推广。

出于便利性及实验课时的考虑，本实验不采用乳酸菌的活菌制品，而选取成品酸奶作为酸奶发酵菌种来源。

（三）器具材料

药品及试剂：成品酸奶，全脂牛奶或半脱脂牛奶和全脱脂牛奶，蒸馏水等。

仪器及其他用品：不锈钢锅，恒温培养箱，4℃冰箱，带盖广口瓶，不锈钢勺，镊子等。

（四）操作步骤

（1）不锈钢锅烧开蒸馏水，装到 250 mL 煮过的广口瓶中，自然降温到 60～70℃，将全脂奶粉、半脱脂奶粉或脱脂奶粉溶于水中，根据口味加糖，在沸水浴中煮 15 min 左右。

（2）将保藏的酸牛奶按 1% 的接种量接入广口瓶中，搅拌均匀，加盖，放入37℃恒温培养箱培养过夜（10～12 h）。

（3）次日上午将培养箱中的酸奶拿出，观察是否已稠，放入 4℃冰箱冷藏备用。

（4）对酸奶的感观指标（色泽、组织状态、气味、口感）进行检查（表4-1），待酸奶已达到凝固阶段，可取出自然冷却 1～2 h，然后置于 2～5℃条件下冷藏。

表 4-1　酸奶感观指标

项目	指标	说明
色泽	色泽均匀一致，呈乳白色，或稍带微黄色	感观鉴定不合格的产品或表面生霉的产品不得出售
组织状态	凝块均匀细腻，无气泡，允许有少量乳清析出	
气味、口感	具有纯乳酸发酵剂制成的酸奶特有的气味和味道，无酒精发酵味、霉味和其他外来不良气味	

（五）注意事项

（1）必须选用不含抗生素的牛奶作为发酵原料，否则容易抑制乳酸菌的生长，以致发酵失败，选择市售酸奶时，则应尽量选择原味酸奶。

（2）酸奶培养过程中切勿摇动，以防乳块散掉，不易重结。

（3）所有微生物操作过程原则上均需无菌操作，以防酸奶被污染。

（六）思考题

（1）酸奶发酵过程中为什么会起凝乳？

（2）酸奶发酵的后熟阶段（即冷藏阶段）有何作用？

（3）从感官指标上评定自己制作的酸奶质量。

实验4-1-2　甜酒酿的发酵

（一）实验目的

（1）了解淀粉在糖化菌和酵母菌作用下制成甜酒酿的过程。

（2）熟悉甜酒酿的制作方法。

（二）实验原理

以糯米（或大米）经甜酒药发酵制成的甜酒酿，是我国的传统发酵食品。我国酿酒工业中的小曲酒和黄酒生产中的淋饭酒在某种程度上就是由甜酒酿发展而来的。

甜酒酿制作的工艺流程如下。

糯米 → 浸米 → 洗米 → 蒸饭 → 淋饭 → 拌药 → 搭锅 → 发酵

总体来看，甜酒酿的发酵过程大致可分为三个阶段：微生物的生长、淀粉的分解和乙醇的产生。甜酒酿制作原理即将糯米蒸煮糊化后，利用酒药中的根霉和米曲霉等微生物将原料中糊化后的淀粉糖化，将蛋白质水解成氨基酸，然后酒药中的酵母菌利用糖化产物生长繁殖，并通过酵解途径将糖转化成乙醇，从而赋予甜酒酿特有的香气、风味和丰富的营养。随着发酵时间的延长，甜酒酿中的糖分逐渐转化成乙醇，因而糖度下降，酒度提高，故适时结束发酵是保持甜酒酿口味的关键。

（三）器具材料

药品及试剂：糯米，甜酒药，蒸馏水等。

仪器及其他用品：手提式高压蒸汽灭菌锅，不锈钢丝碗，滤布，烧杯，不锈钢锅等。

（四）操作步骤

（1）洗米蒸饭：将糯米淘洗干净，用水浸泡4 h，捞起放于置有滤布的钢丝碗中，于高压蒸汽灭菌锅内蒸熟（约0.1 MPa，9 min），使饭"熟而不糊"。

（2）淋水降温：用清洁冷水淋洗蒸熟的糯米饭，使其降温至35℃左右，同时使饭粒松散。

（3）落缸搭窝：将酒药均匀拌入饭内，并在洗干净的烧杯内洒少许甜酒药，然后将饭松散放入烧杯内，搭成凹形圆窝，面上洒少许甜酒药粉。盖上培养皿盖。

（4）保温发酵：于30℃进行发酵，待发酵2 d后，当窝内甜液达饭堆2/3高度时，进行搅拌，再发酵1 d左右即可。

（5）结果记录：发酵期间每天观察、记录发酵现象。

（6）产品评价：对产品进行感官评定，写出品尝体会。

可根据图4-1对相应指标进行鉴定，每个指标满分为5分，从中心点到外端分别为1分、2分、3分、4分、5分，打分后将相应分的点连成线，形成一个网，网面积的大小即对应甜酒品质的优劣。

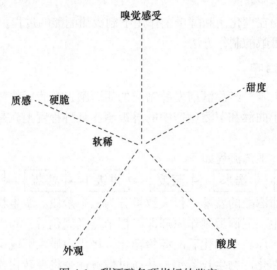

图 4-1　甜酒酿各项指标的鉴定

（五）注意事项

（1）淘洗的糯米要待充分吸水后隔水熟透，使饭粒饱满分散，这样有利于接种后的霉菌孢子能在疏松多孔的条件下良好地生长繁殖，使淀粉充分糖化。

（2）要控制好发酵过程中氧气的供给量，若氧气不足，微生物便不能很好地生长，淀粉就不能充分糖化；若氧气太多，则霉菌大量生长，影响感官体验。

（六）思考题

（1）制作甜酒酿的关键是什么？为什么要降至35℃以下酒曲发酵才能正常进行？

（2）糯米饭一开始发酵时为何要搭成喇叭形的凹窝，这有什么作用？

（3）刚酿制的甜酒酿往往带有酸味，经过低温存放（后熟）后，酸味消失，口味甘甜醇香，其原因是什么？

实验4-1-3　淡啤酒的酿制

（一）实验目的

（1）通过实验，掌握啤酒酿造的工艺流程。

（2）熟悉啤酒酿造的原理，了解啤酒酿造的工艺。

（二）实验原理

啤酒发酵是静置培养、厌气发酵的典型代表，啤酒发酵是一个较为复杂的过程，首先麦芽经粉碎、糖化、过滤、煮沸、添加酒花、再澄清，最后制成麦芽汁；麦芽汁经啤酒酵母发酵，再经后熟，酿制成具有独特的苦味和香味、营养丰富、饱含二氧化碳的低酒精度的啤酒。

（三）器具材料

药品及试剂：麦芽 500 g，酒花 3～4 g，啤酒酵母泥 12.5 g，鸡蛋 1 个等。

仪器及其他用品：恒温水浴锅，不锈钢锅，电炉，粉碎机，冰箱，搅拌器，500 mL 烧杯，过滤器，温度计，生化培养箱，手持糖度计等。

（四）操作步骤

（1）麦芽汁的制备：用粉碎机将麦芽粉碎，再将 2500 mL 水放入不锈钢锅内加热至 50℃。此时把粉碎的麦芽放入热水中搅拌均匀，置于恒温水浴锅中 50℃保温浸约 1 h；然后升温至 65℃，保温 2 h。以后每隔 5 min 取一滴麦芽汁与碘反应，至不呈蓝色，即糖化结束。

糖化结束的醪液立即升温至 76～78℃，趁热用布过滤，滤渣可加入少量78～80℃热水洗涤，使总滤液达到 2500 mL。为有利于麦芽汁的澄清，可将一个鸡蛋的蛋清放在碗中搅散，呈大量泡沫时倒入其中，同时添加酒花 2 g 搅匀，煮沸 25 min，再加剩余酒花继续煮沸 5 min 停止加热，定型麦芽汁，用手持糖度计测麦芽汁糖度，经沉淀过滤得到透明的麦芽汁，再冷却至 6～8℃，此时麦芽汁pH 为 5.2～5.7，备用。

（2）发酵：取 250 mL 麦芽汁放入经过消毒处理的 500 mL 烧杯中，加入12.5 g 酵母泥混匀，放入生化培养箱中 20～25℃培养 12～24 h，培养过程中经常搅拌，待发酵旺盛时，倒入不锈钢锅中，加入所有的麦芽汁于 7℃发酵。约经20 h，液面有白色泡沫升起。2～3 d 后泡沫逐渐下降，此时将发酵液温度逐渐降至 4～5℃。落泡后，口尝发酵液，应感觉到醇厚柔和，有麦芽香和酒花香。

（3）后熟：发酵成的嫩啤酒经过滤后装入灭过菌的啤酒瓶内，密闭，在 3℃保持 4 d，再在 0℃贮藏 10 d。

（4）成熟啤酒分离（过滤）：经过后熟的成熟啤酒，其残余的酵母和蛋白质等沉积于底部，少量悬浮于酒中，必须经过分离才能长期贮存。可采用微孔薄膜过滤制得成品啤酒。成品啤酒要求清香爽口，酒味柔和。

（五）注意事项

（1）在酿啤酒过程中，所用工具和容器均需严格消毒。

（2）至发酵培养的对数生长中后期时，搅拌时间间隔应较短，搅拌应充分，以避免发酵液氧气缺乏。

（六）思考题

（1）啤酒酿造的工艺流程分为几个阶段？

（2）为什么酿造啤酒要进行后发酵处理？

实验4-1-4　食醋的酿制

（一）实验目的

（1）通过实验了解食醋的制造原理，熟悉食醋的制造方法和步骤。

（2）初步掌握食醋的酿造技术。

（二）实验原理

醋酸菌氧化乙醇为乙酸，是食醋酿造的根据。制醋原料可以采用乙醇、可发酵性糖类、淀粉质等。以乙醇为原料时，直接接种入醋酸菌即可；以可发酵性糖类为原料时，先要进行乙醇发酵，然后再进行乙酸发酵；用淀粉质为原料时，则首先需要糖化和乙醇发酵，然后再接入醋酸菌种进行乙酸发酵。此法是几种微生物及其酶类联合作用的过程。

乙酸发酵过程中，微生物分泌出来的各种酶类，有的分解甘油产生具有淡薄甜味的二酮，使食醋格外浓厚；有些能分解氨基酸产生琥珀酸；有的能形成葡萄糖酸、乳酸及芳香酯等。淀粉质原料营养丰富，能产生多种芳香物质，所以由淀粉质原料酿制的食醋比乙醇酿制的食醋质量更好一些，本实验即以淀粉质丰富的大米为原料，学习食醋的制作方法。

（三）器具材料

药品及试剂：大米，麸曲，酒母液，醋酸菌种，麸皮，谷壳，食盐等。

仪器及其他用品：烧杯，恒温培养箱，温度计，漏斗，纱布等。

（四）操作步骤

（1）大米处理：大米 100 g 加水浸泡，沥干，蒸熟，盛于烧杯中，加水 300 mL，搅匀。

（2）乙醇发酵：待米醪冷至 30℃时，接入麸曲 5 g 和酒母液 20 mL，盖好盖子，于恒温培养箱内 30℃培养。16～18 h 有大量气泡冒出，36 h 后米粒逐渐解体，各种成分发酵分解，并有少量乙醇产生。发酵 3 d 后结束。

（3）乙酸发酵：将酒醪平均分装在 3 个烧杯中，每个烧杯中加入 60 g 麸皮、20 g 谷壳，接种入 5 mL 醋酸菌种子液，使醪液含水量为 54%～58%，保温发酵，温度不超过 40℃，乙酸发酵 5 d。

（4）后熟增色：每个烧杯中拌入 3 g 食盐，放到水浴上加温，保持品温 60～80℃。一般经过 10 d，醋醪呈棕褐色，醋香浓郁，无焦煳味，即成熟。

（5）淋醋：采用平底陶瓷漏斗，漏斗下面套上橡皮管和弹簧夹，漏斗底部铺一层细瓷块，上面铺双层纱布。将醋醪移入漏斗中，加温水浸泡 8～10 h，打开弹簧夹放出醋汁，要求醋的总量约为 5%。

（五）注意事项

（1）酿醋过程所用各用具使用前均应提前清洗灭菌。

（2）温度是影响发酵的重要条件，乙酸发酵温度应控制在 30～35℃。酿制过程应不断充气，保证氧气的供应。

（六）思考题

（1）简述利用发酵方法制造食醋的方法及步骤。

（2）酿醋中主要的微生物及其作用是什么？

实验4-1-5 豆腐乳的制作

（一）实验目的

熟悉豆腐乳发酵的工艺过程，观察豆腐乳发酵过程中的变化。

（二）实验原理

豆腐乳以豆腐为原料，一般利用毛霉、曲霉、酵母（以毛霉为主）等微生物发酵而制成，是我国传统的大豆蛋白发酵食品。豆腐乳制作中通常使用毛霉如雅致放射毛霉、高大毛霉等，也有使用根霉和细菌的，如克东腐乳使用藤黄球菌。毛霉在豆腐坯上生长，洁白的菌丝可以包裹豆腐坯使其不易破碎，同时分泌出一定数量的蛋白酶、脂肪酶、淀粉酶等水解酶系，对豆腐坯中的大分子成分进行初步降解。发酵后的豆腐毛坯经过加盐腌制后，有大量嗜盐菌、嗜温菌生长，由于这些微生物和毛霉所分泌的各种酶类的共同作用，大豆蛋白逐步水解，生成各种多肽类化合物，并可进一步生成部分游离氨基酸；大豆脂肪经降解后生成小分子脂肪酸，并与添加料中的醇合成各种芳香酯；大分子糖类则在淀粉酶的催化下生成低聚糖和单糖，故豆腐乳具有细腻、鲜香、营养丰富、风味独特等特点。

目前民间传统生产豆腐乳均采用自然发酵，15℃低温毛霉生长在豆腐上，需要 7～10 d，杂菌多，产品不卫生。现代食品加工厂多采用纯种培养的毛霉进行人工接种，豆腐发霉缩短至 2～3 d，产品稳定，风味更佳，健康卫生。本实验即围绕纯种毛霉型豆腐乳的制作方法进行介绍。

（三）器具材料

药品及试剂：毛霉斜面菌种，豆腐坯（含水量 65%～70%），红曲，面曲，甜酒酿，白酒（乙醇体积分数 50%），黄酒，食用盐，麸皮等。

仪器及其他用品：培养皿，锥形瓶，镊子，接种针，无菌纱布，竹筛，喷枪，小刀，带盖广口玻璃瓶（缸），腐乳瓶，显微镜，恒温培养箱等。

（四）操作步骤

1）腐乳发酵剂的制备　　先将毛霉菌种接入新鲜斜面培养基中活化，备用。按麸皮：水为 1∶1 的比例将麸皮拌匀后装入锥形瓶内，盖满底部 0.5 cm 厚，塞棉塞，121℃高压蒸汽灭菌 30 min，趁热摇散，冷却至室温。接入已活化的毛霉菌种，25～28℃培养，待菌丝和孢子生长旺盛，加适量无菌水，充分摇动，过滤制得孢子悬液，备用。

2）接种培养与晾花　　将豆腐坯切成 2 cm×2 cm×2 cm 大小的方块状，置于竹筛内，每块四周留有空隙，将上述制备好的孢子菌悬液喷洒在豆腐坯上，用牛皮纸包扎竹筛，置一黑暗的箱体中，15～20℃培养 2～3 d 至豆腐块上长满白色菌丝，菌丝顶尖有明显的水珠时放置阴凉处晾 2～4 h。然后将整框筛子取出，其目的是使热量和水分散发，使坯迅速冷却，使菌丝老熟，增加酶的分泌，并使霉味散发。

3）搓毛腌坯　　将晾花后的每块毛坯表面用手指轻轻揩抹一遍，使豆腐坯形成一层"皮衣"，以保持腐乳的块形，然后装入圆形玻璃瓶或缸中，沿壁以同心圆方式一圈一圈向内侧放置（注意毛坯刀口，即未长菌丝的一面靠边，不能朝下，以防成品变形）。码一层坯，撒一层盐，每层加盐量逐渐增大，装满后再撒一层封顶盐。腌制中盐分渗入毛坯，水分析出，为使上下层含盐均匀，腌坯3～4 d 时需加盐水淹没坯面。腌坯周期为 5～7 d，加盐量为每 100 块豆腐坯用约400 g，使平均含盐量约为 16%。

4）配料与装坛发酵

（1）红方：按每 100 块坯用红曲米 32 g、面曲 28 g、甜酒酿 1 kg 的比例配制染坯红曲和装瓶（或坛）红曲卤。先用 200 g 甜酒酿浸泡红曲米和面曲 2 d，研磨细，再加 200 g 甜酒酿调匀即为染坯红曲。将上述缸内盐坯每块搓开后，取出沥干，待坯块稍有收缩后，用红曲将每块腐乳六面染红，分层装入经预先消毒的坛内，直至装满。再将剩余的红曲卤用剩余的 600 g 甜酒酿兑稀，灌入坛内，并加适量食盐和乙醇体积分数为 50% 的白酒，加盖密封，在常温下贮藏 6 个月成熟。

或于（25±1）℃下恒温发酵，一个月即可成熟。

（2）白方：将腌坯沥干，待坯块稍有收缩后，按甜酒酿 0.5 kg、黄酒 1 kg、白酒 0.75 kg、盐 0.25 kg 的配方配制的汤料注入瓶中，淹没腐乳，加盖密封，在常温下贮藏 2～4 个月成熟。

5）质量鉴定　　将成熟的腐乳开瓶，从腐乳的表面及断面色泽、组织形态（块形、质地）、滋味及气味、有无杂质等方面进行感官质量鉴定、评价。

（五）注意事项

（1）制作腐乳的豆腐含水量应控制在 70% 左右，水分过多豆腐不易成形，含水量不当还会影响毛霉菌的深入程度。

（2）发酵过程应控制好发酵温度（18℃左右），温度过高过低都会影响毛霉菌丝的生长，从而影响发酵的进程与发酵质量。

（六）思考题

（1）腐乳生产发酵原理是什么？为什么前期培养需要通气而后期发酵需要厌氧密封？

（2）腌坯时所用食盐的作用是什么？试分析腌坯过程中食盐含量对腐乳质量的影响。

实验4-1-6　酱油的酿制

制 作 种 曲

（一）实验目的

（1）掌握酱油种曲试管斜面培养基、锥形瓶固体培养基及盘曲培养的制备方法。
（2）熟悉接种操作和培养管理技术及种曲质量的鉴定方法。

（二）实验原理

米曲霉在试管、锥形瓶、曲盒的不同环境中，在不同的培养基上进行封闭、半封闭、开放培养，逐级扩大繁殖。利用逐渐形成的生长优势和有利条件，克服杂菌的生长，繁殖出大量、较纯净、活力强并保持原有的优良生产性能的分生孢子，继而为制造高质量的酱油打下良好的基础。

（三）器具材料

药品及试剂：米曲霉沙土管菌种，可溶性淀粉，豆饼粉，麸皮，面粉，5°Bé 豆饼汁，$MgSO_4 \cdot 7H_2O$，KH_2PO_4，蒸馏水等。

仪器及其他用品：试管，锥形瓶，曲盘，高压蒸汽灭菌锅，恒温培养箱，接种箱，种曲室，不锈钢锅，漏斗等。

（四）操作步骤

（1）米曲霉试管斜面菌种的制作：按 5°Bé 豆饼汁 100 mL、$MgSO_4 \cdot 7H_2O$ 0.5 g、KH_2PO_4 1 g、可溶性淀粉 20 g、琼脂 15 g 的比例，制作培养基，装入 18 mm×150 mm 试管中，塞好棉塞，包扎牛皮纸，在 100 kPa 下灭菌 30 min，摆成斜面，经培养检查灭菌彻底，即可用于接种培养。

用无菌操作法铲取少量沙土管菌种中的含孢子沙土，放入经灭菌的装有 2～3 mL 无菌水的试管中，摇匀制成菌种悬液，再将菌种悬液用接种环涂抹在斜面培养基上，将接种后的斜面培养基放置在恒温培养箱内，30℃培养 3 d，若无杂菌且黄绿色孢子旺盛则可作为菌种，并再转接几次。

（2）锥形瓶菌种培养：按豆饼粉 20 g、麸皮 60 g、面粉 20 g、蒸馏水 65～70 mL 的配方混合均匀，分装入 250 mL 的锥形瓶中。每瓶 20 g，100 kPa 下灭菌 30 min，灭菌后趁热摇松备用，在无菌室或接种箱内，以无菌操作法用接种环挑取斜面原菌，一次移接于已冷却的锥形瓶培养基中，摇匀，将培养基堆积在瓶底一角。

接种的锥形瓶，置于恒温培养箱中 30℃培养 18～20 h 后，见白色菌丝生长，将欲结块时，摇瓶 1 次，充分摇散。继续培养 6 h，菌丝大量生长又结成饼，再摇瓶 1 次，并将瓶横放培养。约经 3 d，培养基颗料表面布满黄绿色孢子，即可立即使用（也可 4℃冰箱放置，可保藏 10 d）。

（3）曲盒曲种培养：按麸皮 8 份、面粉 2 份、蒸馏水 8 份的比例将原料搅拌均匀，常压蒸 1 h，焖 1 h 或加压 100 kPa 蒸 30 min 取出，再加入冷开水 20%，冷开水中添加原料 0.3% 的冰醋酸，拌匀。

待熟料冷却到 42℃时，按每 2.5 kg 原料一瓶（250 mL 锥形瓶）菌种的比例，在无菌室中接入菌种，拌和均匀，将接种的曲料分装在经蒸汽灭菌或日光曝晒消毒的曲盒中，装料厚度为 6～7 cm，稍加摊平，放入种曲室中堆叠培养。室温控制约 28℃，相对湿度保持 90% 以上。当品温升至 34℃，曲料发白结块时，进行第一次翻曲错盒；继续培养 4～6 h，品温又上升至 36℃，曲料完全发白结块时，进行第二次翻曲，并倒盒或将盒分散摆放，面盖灭菌湿纱布 1 张；以后严格控制品温，使之约为 36℃，50 h 后揭去布，继续培养 1 d 后熟。当米曲霉孢子全部达到鲜艳黄绿色时，培养结束。

（4）种曲的质量检查：观察种曲的颜色，鲜黄绿色为最好，淡黄色为培养时间不足，黄褐色为过老。有白色等异色显示有其他霉菌污染；孢子产量少，意味着曲霉菌生长繁殖不良，多是温度控制不合理所致。种曲应有曲香，如有酸气或氨味，表示细菌污染严重。取少量种曲放入 50 mL 无菌蒸馏水中，25～30℃培养 2～3 d，产生恶臭，表示种曲严重不纯，不能采用（图 4-2）。

取 1 g 种曲制成菌悬液，纱布过滤，稀释到一定倍数，镜检，以血细胞计数器计数，孢子数应在 6×10^{10} 个 /g（干基计）以上。用悬滴培养法测定发芽率，应在 90% 以上。

图 4-2　酱油米曲霉种曲

（五）注意事项

（1）试管接种培养基在培养前应充分干燥，若干燥不充分，容易引起气生菌丝生长繁茂、分生孢子减少、酶活力降低等问题。

（2）米曲霉菌种可预先在高蛋白培养基上进行驯化、分离，进行性能测定后，择优去劣，用优良高产菌株更有利于酿造出更佳品质的酱油。

（六）思考题

（1）酱油种曲试管斜面培养基、锥形瓶固体培养基及盘曲培养的制备方法是什么？

（2）酱油酿制过程中制曲的作用是什么？

制 作 酱 油

（一）实验目的

（1）掌握酱油盘曲培养的方法及各环节的操作技术。

（2）熟悉酱油的工艺流程并巩固和丰富课堂所学的知识。

（二）实验原理

酿造酱油的原料，经过培菌，让以米曲霉为主的多种微生物在其中生长繁殖，产生蛋白酶、淀粉酶和其他多种酶系。在一定浓度盐分的环境下发酵，耐盐酵母及一些芽孢细菌在其中繁殖，不耐盐的腐败微生物受到抑制，使发酵能够安全进行。原料中的蛋白质分解为氨基酸，淀粉水解为糖，并生成乙醇，各种有机酸及酯类形成酱油的色香味体成分，再经过浸泡、溶解、洗脱、扩散，淋出得到酱油。

（三）器具材料

药品及试剂：豆饼，麸皮，面粉，食盐，种曲，蒸馏水等。

仪器及其他用品：粉碎机，台秤，瓷盆，瓦缸，蒸锅，簸箕，波美计，温度计等。

（四）操作步骤

（1）原料处理及接种：豆饼粉碎成小米粒大，与麸皮拌匀，加入总料 70% 的 70℃左右的热水中，堆闷 40 min，入甑蒸料，至上大汽后继续蒸 1.5 h，出甑。出甑后，料温冷却至 38℃接种，种曲为全料量的 0.3%，先与面粉拌匀，再与曲料拌和，接种后的曲料装入簸箕，厚度为 1.5～2 cm，入曲房保温培养。

（2）成曲的制备：曲室保温 28～32℃，相对湿度 90% 以上，约经过 16 h，品温上升至 34～36℃时，翻曲一次。以后严格控制品温不超过 37℃，相对湿度 85% 左右。待曲料布满孢子，孢子刚转为黄绿色时即可出曲。一般需培养 32～36 h。

（3）酱醪的发酵：破碎成块的成曲，拌入盐水，盐水量的计算按下式进行：

$$盐水量 = \frac{曲重 \times (酱醅要求的水分含量 - 曲的水分含量)}{1 - 氯化钠含量 - 酱醅要求的水分含量}$$

成品曲的水分按 30% 计算，拌曲用的盐水为 13°Bé，要求酱醅含水量为 50%，13°Bé 盐水的氯化钠近似值为 13.5%，因而推荐拌入盐水浓度为 13.5%。待全部水分被曲料吸收后，装入缸内发酵，发酵前 4 d 使酱醅品温为 42～44℃，每日早晚翻一次；第 5 d 后保持品温为 44～46℃，并在缸内面盖上一层食盐；第 12 d 后停止保温，让其在自然温度下发酵 15 d 即可淋油。

（4）酱油的浸出：酱醅成熟，及时将 5 倍于豆饼原料量的二淋油加热至 80℃ 左右，掺入缸内浸泡 20 h，过滤即得头油；再用三油浸头渣，得二油；再用热水浸泡二渣，淋出三油。

（5）酱油灭菌与配制：淋出的生酱油加热至 70℃，维持 30 min，再加入苯甲酸钠 0.1%，若需要丰富酱油的口味，可在酱油中加入助鲜剂、甜味料、增色剂等进行调配。

（6）成品检验：①感官检查（色泽、体态、香气、滋味）；②理化检验（氨基氮、食盐、总酸、全氮）；③微生物检验（菌落总数和大肠菌群）。

（五）注意事项

（1）制醅用盐水要求底少面多，且拌水量要适当。

（2）发酵温度需严格掌控，入池酱醅品温需严格控制在 42～44℃。

（六）思考题

（1）简述酿造酱油的工艺流程及各环节的操作技术。

（2）除本法外，还有哪些酿造酱油的方法？

第二节　典型发酵工业产品的生产

本节主要围绕几种典型的发酵工业产品进行介绍，如谷氨酸、乳酸、纤维素酶等，这些发酵工业产品大体可分为液态发酵、固态发酵，通过这几个实验期望学习者对发酵工业的基本原理与生产流程有大致了解。另外，本节最后对基因工程菌的发酵进行了介绍，以巩固相应学科的基础知识，也让学习者认识到基因工程技术对于发酵工业的重要意义。

实验4-2-1　谷氨酸发酵

（一）实验目的

（1）学习一次性发酵生产谷氨酸的原理及方法。
（2）学习发酵过程参数变化的监测及控制，熟悉发酵罐的使用。

（二）实验原理

谷氨酸是一种两性电解质，等电点（pI）为 3.22，谷氨酸主要作为味精（即谷氨酸钠）的生产原料。自 20 世纪 50 年代日本率先采用微生物发酵法生产谷氨酸以来，谷氨酸已经成为我国发酵规模最大、产量最高的微生物制品。发酵谷氨酸时应用较多的是一次性中糖（12%～13%）发酵工艺，其有利于提高谷氨酸产量和设备利用率，也有利于节约原材料与能源消耗。但是，由于初糖浓度高，环境渗透压高，发酵周期相对较长，故应首先选育耐高糖、耐高渗透压的优良菌种。要使谷氨酸稳产与高产，必须认识与掌握谷氨酸生产菌生长的规律，根据菌种性能和发酵特点，用发酵条件来控制发酵过程中各种化学及生物化学反应的方向和速度。

谷氨酸发酵过程可分为三个阶段：长菌阶段、长菌型细胞向产酸型细胞的转移阶段与产酸阶段。发酵条件控制一般包括发酵过程温度的控制、pH 控制、种龄与种量控制、泡沫控制、排气 CO_2 控制、通风与 OD 值的控制、菌体形态变化与 OD 值的变化等。

本实验选用 7 L 小型自动发酵罐进行一次谷氨酸发酵，要求选用耐受环境较好的菌种，培养基采用与实际生产相同的成分，发酵条件也基本相同。但由于空气无菌条件所限（只配备简单的薄膜过滤器），冷却系统冷却能力不足，传质传热效率不高，需要根据实际情况调整发酵方案。

（三）器具材料

药品及试剂：盐酸，消泡剂，尿素，硅藻土，北京棒状杆菌斜面，棒状杆菌一级种子培养基，棒状杆菌二级种子培养基，棒状杆菌发酵培养基等。

仪器及其他用品：小型自动发酵罐（7 L），高压蒸汽灭菌锅，生物传感器，恒温培养箱，振荡培养箱，显微镜，天平，超净工作台，锥形瓶，烧杯，量筒，玻璃棒，pH 计，容量瓶，移液器，移液管等。

（四）操作步骤

1）菌种活化　　将北京棒状杆菌从 -80℃冰箱保存的甘油管中挑取一环，划线于斜面培养基上，32℃培养至菌落直径 2 mm 备用。

2）种子制备

（1）一级种子：挑取一环斜面菌种接种于 100 mL 一级种子培养基中，于 32℃，200 r/min 振荡培养 12 h。一级种子质量要求为无杂菌、无噬菌体、pH 6.4±0.1。

（2）二级种子：取 10 mL 一级种子接种到二级种子培养基中，于 33～34℃，200 r/min 振荡培养 7～8 h。二级种子质量要求为无杂菌、无噬菌体、pH 7.0±0.2、残糖消耗 1% 左右、镜检生长旺盛、排列整齐。

3）发酵培养基灭菌及接种　　配制好 5 L 发酵培养基装入 7 L 发酵罐内，配制 400 mL 浓度为 40% 的尿素及 30 mL 消泡剂加入发酵罐中。121℃灭菌 30 min，灭菌结束后通入冷却水使培养基降温至 30～32℃，将二级种子按照接种量 2% 接种到发酵罐中。

4）发酵过程控制

（1）温度控制：0～6 h 温度控制为 33℃，7～25 h 每隔 6 h 升温 1℃，26～34 h 温度控制为 37～38℃。

（2）pH 控制：流加氨水控制 pH，发酵前期 pH 7.0，后期提高到 7.2～7.3 以保证谷氨酸所需的氮源，发酵后期 pH 稍微降低，约 7.0，在发酵结束前 6 h 停止流加氨水，放罐时 pH 约 6.5。

（3）OD 净增值控制：总 OD 净增值控制在 0.75～0.80。

（4）通气量控制：发酵开始时，通气量为 1∶0.08；OD 净增值为 0.25，通气量为 1∶0.15；OD 净增值为 0.50，通气量为 1∶0.18；OD 净增值 >0.65，通气量为 1∶0.24，保持约 10 h。

（5）泡沫控制：先配制 20%～30% 的消泡剂，经灭菌、冷却后备用，在发酵产生一定泡沫时，流加一定量的消泡剂，每次流加 10 mg/L。

（6）放罐指标：发酵周期 32～35 h，残糖 <10 g/L，谷氨酸含量 >65 g/L，使用生物传感器测定谷氨酸和葡萄糖含量。

5）实验结果的记录　　绘制表格，对发酵过程参数和结果进行记录（表 4-2）。

表 4-2　发酵参数分时记录表

时间 /h	温度 /℃	pH	溶解氧量（DO）	通气量 /（L/min）	OD$_{600}$	葡萄糖含量 /（g/L）	谷氨酸含量 /（g/L）
0							
4							

续表

时间 /h	温度 /℃	pH	溶解氧量（DO）	通气量/（L/min）	OD_{600}	葡萄糖含量 /（g/L）	谷氨酸含量 /（g/L）
8							
12							
16							
20							
24							
26							
28							

（五）注意事项

（1）发酵罐在进行灭菌时不宜进行高压蒸汽灭菌锅的快速排气，否则可能会引起发酵罐的破裂。

（2）值班同学应密切注意发酵罐的运行情况并预先学习对于突发事件的处理。

（六）思考题

（1）发酵过程中为何使用氨水调节 pH？

（2）发酵过程中如何通风控制谷氨酸的合成？

（3）微生物发酵生产谷氨酸的过程中，供氧不足及过量分别会对发酵产生哪些影响？

实验4-2-2　L-乳酸的发酵罐生产

（一）实验目的

（1）学习和掌握发酵法生产 L- 乳酸的原理及工艺操作。

（2）熟练掌握小型发酵罐的结构及使用方法，熟悉并巩固发酵参数的测定方法。

（二）实验原理

乳酸的分子式为 CH_3CH_2OCOOH，相对分子质量为 90.08，因为乳酸分子内含有一个不对称的 C 原子，所以其具有 D- 型和 L- 型两种构型。L- 乳酸为右旋，D- 乳酸为左旋，当 L（＋）- 乳酸和 D（-）- 乳酸等比例混合时，即成为消旋的 DL- 乳酸。

乳酸的生产有 3 种方法：化学合成法、酶法和微生物发酵法。微生物发酵法制备乳酸是以淀粉、葡萄糖等糖类或牛奶为原料，接种微生物经发酵而生成乳酸。乳酸发酵的机理主要有同型乳酸发酵、异型乳酸发酵和双歧杆菌发酵。本实验用菌为嗜热乳酸杆菌（T-1），发酵方式为同型乳酸发酵，其发酵机理即葡萄糖经 EMP 途径降解为丙酮酸，丙酮酸在乳酸脱氢酶的催化下还原为乳酸。经过这种途径，1 mol 葡萄糖可以生成 2 mol 乳酸，理论转化率为 100%。但由于发酵过程中微生物有其他生理活动存在，实际转化率不可能达到 100%。一般认为转化率在 80% 以上者，即同型乳酸发酵。目前工业上较高的转化率可达 95% 左右，本实验即利用小型发酵罐进行 L- 乳酸的发酵生产实验。

（三）器具材料

药品及试剂：乳酸菌，NaOH 溶液（8 mol/L），消泡剂等。

种子培养基：葡萄糖 30 g，酵母膏 5 g，蛋白胨 5 g，$CaCO_3$ 10 g。

发酵培养基：葡萄糖 100 g，酵母膏 5 g，蛋白胨 5 g，豆浓 3 g，蒸馏水 1 L。

仪器及其他用品：全自动式 5 L 发酵罐，手提式高压蒸汽灭菌锅，紫外可见分光光度计，生化培养箱，电热鼓风干燥机，电子天平，超净工作台，台式高速离心机，生物分析传感器，恒温振荡器，量筒，烧杯，离心管，移液管，酒精灯，接种环，pH 试纸，玻璃棒等。

（四）操作步骤

（1）玉米糖化液的制备：通过 α- 淀粉酶及糖化酶制糖，从玉米淀粉原料出发，经配料、糊化、液化、糖化过滤制备成玉米糖化液。

（2）种子培养：取新鲜斜面菌种一环，接入种子培养基中，于转速 150 r/min 摇床中，50℃培养 16～18 h。

（3）5L 发酵罐发酵：①空消。空罐灭菌。②实消。将发酵培养基 2.7 L（50%～60%）从进样口倒入 5 L 发酵罐中，盖上盖子。检查发酵罐安装完好后，盖上灭菌罩，105℃灭菌 15 min。③校正。校正 pH 电极、溶氧电极（校正方法参考使用说明书，并在熟练者指导下操作）。④接种与发酵。在接种圈的火焰保护下，将种子培养液 300 mL 倒入发酵罐中，控制发酵温度 50℃，pH 为 6.0，溶氧 0～20 h，通风 60 L/h，发酵罐搅拌 100 r/rmin，20～72 h 停止通风和搅拌，以 NaOH 为中和剂。⑤测量。每隔 4 h 取样，测菌体浓度、葡萄糖和 L- 乳酸浓度。

（4）测定结果记录：发酵培养时，按照一定的时间间隔取样测定并记录（共 72 h，4 h 监测一次）。

（五）注意事项

（1）使用生物传感分析仪时，应严格按照使用说明书进行，进样针使用完毕后要用蒸馏水清洗，以防堵塞。

（2）使用蒸汽发生器灭菌时注意蒸汽发生器压力不要太高，以免发生危险。

（六）思考题

（1）L- 乳酸在食品、医药及化学工业上有什么用途?

（2）发酵葡萄糖生产乳酸的过程中加入 $CaCO_3$ 的作用是什么？在发酵的产物中，除了有乳酸存在外，还有可能有哪些发酵产物存在？

实验4-2-3 固态发酵产纤维素酶

（一）实验目的

（1）了解固态发酵法生产纤维素酶的工艺流程。
（2）掌握固态发酵的操作原理。

（二）实验原理

固态发酵是指在没有或几乎没有自由水的存在下，在有一定湿度的水不溶性固态基质中，用一种或多种微生物发酵的一个生物反应过程。以康氏木霉（*Trichoderma koningi*）和绿色木霉（*Trichoderma viride*）等为代表的某些霉菌，在含有诱导物、适宜通风培养条件下能产生纤维素酶。纤维素酶是指能降解纤维素生成纤维二糖和葡萄糖等小分子物质的一组酶的总称，它是一种复合的诱导酶，包括 C_1 酶、Cx 酶和 β-葡糖苷酶等多种水解酶。目前纤维素酶已广泛应用于轻工业、食品加工业和饲料工业等行业中。纤维素酶的生产和其他微生物酶制剂一样可采用固体培养及液体培养两种方法，而固态发酵则是最接近自然状态的发酵。

（三）器具材料

药品及试剂：康氏木霉菌（绿色木霉菌），微量元素贮存液（$FeSO_4 \cdot 7H_2O$ 7.5 g，$MnSO_4 \cdot H_2O$ 2.5 g，$ZnSO_4$ 2.0 g，$CoCl_2$ 3.0 g，蒸馏水 1 L。每大组 100 mL）等。

PDA 培养基：配方见附录Ⅱ。

液体种子培养基：麸皮 5 g，米糠 12 g，$(NH_4)_2SO_4$ 2.0 g，KH_2PO_4 1.0 g，$CaCl_2$ 1.0 g，葡萄糖 6 g，蒸馏水 1 L，pH 5.4。每小组 100 mL。

固体发酵培养基：KH_2PO_4 3.0 g，$(NH_4)_2SO_4$ 2.0 g，尿素 0.5 g，$MgSO_4 \cdot 7H_2O$ 0.5 g，$CaCl_2$ 0.5 g，麸皮 18 g，微量元素贮存液 10 mL，蒸馏水 1 L。每小组 100 mL。

仪器及其他用品：漏斗，量筒（250 mL、500 mL），标准试管，锥形瓶（250 mL），超净工作台，高压蒸汽灭菌锅，电子天平，铁架台，电炉等。

（四）操作步骤

（1）菌种的活化：首先制备 PDA 培养基，制法见附录Ⅱ。然后，将上述 PDA 培养基加热熔化，迅速倒于带有胶管和管夹的漏斗中，迅速适量地灌入各标准试管中，每支试管 8 mL 左右。加盖合适的棉塞和用牛皮纸包好后，放入高压蒸汽灭菌锅中，121℃灭菌 20 min，取出后摆成斜面，冷却至室温。在已消毒和灭菌的超净工作台上接种保藏的菌种，进行菌种活化，置于恒温培养箱中，28℃培养 48~72 h。

（2）液体种子的制备：将 100 mL 液体培养基放入 250 mL 锥形瓶中，加盖合适的棉塞，用牛皮纸将瓶口包好后，放入高压蒸汽灭菌锅中，于 121℃灭菌 30 min，取出后冷却至室温。在已消毒和灭菌的超净工作台上接种活化好的斜面菌种 2~3 环于液体种子培养基中，置于恒温振荡培养箱中，28℃下 120 r/min 摇床培养 72 h。

（3）固体发酵：取 30 g 稻草粉放入锥形瓶中，加固体发酵培养基 100 mL，混拌均匀后，用牛皮纸包好，放入高压蒸汽灭菌锅中，于 126℃灭菌 40 min，取出后冷却至室温。在已消毒和灭菌的超净工作台上接种，将液体种子按 10% 接种量接入固体发酵培养基中，搅拌均匀，置于恒温培养箱中，28℃培养 3~5 d，培养前 3 d，每天翻曲一次以打碎团块。

（4）纤维素酶粗提液的制备：将发酵好的固体发酵物加入 6 倍稻草粉重量的蒸馏水浸提 1 h，8 层纱布过滤，再将滤液以 4000 r/min 离心 15 min，即可得到纤维素酶粗提液，而后进行纤维素酶活力测定（DNS 比色法）。

（5）结果分析：对酶活力数据进行记录分析，由此计算纤维素酶产率。

$$纤维素酶产率=\frac{浸提液总体积×纤维素酶毫克数×5.56}{发酵稻草干重×测定时所用的发酵液体积}$$

式中，5.56 为 1 mg 葡萄糖的微摩尔数，即 1000/80=5.56。

（五）注意事项

（1）包扎锥形瓶（茄形瓶）时使用 8 层纱布或较松的棉塞，以防培养时氧气不足。

（2）麸曲培养时注意观察菌的生长情况和培养基状况，适时摇瓶翻曲，使得培养基铺平，充分疏散，一般每 16~20 h 翻动一次，共 3~4 次。

（六）思考题

（1）固态发酵与液态发酵相比具有哪些优势？

（2）固态发酵过程中的通风对康氏木霉菌发酵产纤维素酶很重要，如何实现固态过程中的通风操作？

（3）发酵生产纤维素酶对培养基有什么要求？

实验4-2-4　苏云金芽孢杆菌杀虫剂的深层发酵

（一）实验目的

熟悉苏云金芽孢杆菌杀虫剂的深层发酵方法及发酵过程的中间检测方法。

（二）实验原理

长期、大量使用传统的化学农药来防治害虫会带来如农药残留、害虫产生抗性及再猖獗等严重的问题。相对于传统化学杀虫剂，微生物杀虫剂具有选择性强、效能高、无污染、无残留、成本低且不易产生抗性的特点。目前，已研制出一系列的生物农药制剂，包括细菌、真菌、病毒及植物源生物农药等，其中开发应用最成功的是苏云金芽孢杆菌（*Bacillus thuringiensis*，*Bt*），其广泛用于农业、林业、贮藏及卫生领域等上百种害虫的防治。

苏云金芽孢杆菌是一类革兰氏阳性、产芽孢、可产生不同形状的伴胞晶体的杆状细菌，广泛分布于昆虫、土壤、仓储尘埃、污水及植物表面。苏云金芽孢杆菌中最重要的杀虫活性物质就是杀虫晶体蛋白。一般认为，当其被鳞翅目等敏感昆虫摄食之后，杀虫晶体蛋白在昆虫幼虫的肠道内溶解，经蛋白酶水解激活，转变成为具有杀虫活性的毒性多肽分子。这种毒素分子可以与分布在昆虫中肠上皮细胞细胞膜上的受体特异结合，并插入中肠上皮细胞膜中，形成一个允许离子自由通过的孔道，导致肠细胞的裂解和昆虫的死亡。在适宜的环境下，虫体可以作为 *Bt* 生长的培养基使得该菌增殖，释放出新的芽孢与晶体蛋白，从而开始新一轮的循环。

液体深层发酵是现代发酵工业中使用的主要发酵形式，苏云金芽孢杆菌对营养要求不太严格，其细胞在合适的条件下能够利用廉价的农副产品迅速生长。当发酵罐中营养逐渐耗尽，发酵条件不利于菌体生长时，细胞分化产生芽孢，同时开始合成杀虫晶体蛋白，产生伴胞晶体。发酵产生的杀虫晶体蛋白作为发酵的终产物，即可作为优良的生物杀虫剂。

（三）器具材料

药品及试剂：苏云金芽孢杆菌斜面。

营养肉汤固体培养基、营养肉汤培养基：配方见附录Ⅱ。

发酵培养基：豆饼粉 35 g，玉米淀粉 12.5 g，酵母粉 10 g，K_2HPO_4 1.3 g，$MgSO_4$ 0.2 g，$CaCl_2$ 0.08 g，$MnSO_4$ 0.08 g，蒸馏水定容至 1 L，pH 8.0。

仪器及其他用品：小型自控发酵罐，培养箱，搅拌器，312 nm 紫外线灯，移液器，接种环，无菌玻璃涂棒（刮刀），称量纸和药匙等。

（四）操作步骤

1）种子（芽孢悬液）制备

（1）沙土管菌种活化：取保藏的沙土管菌种一环均匀接种于新鲜平板上，30℃过夜培养后，挑取 3～5 个单菌落转接另一新鲜平板，28～30℃培养 12 h 和 72 h，分别涂片染色后显微镜观察，12 h 的培养物要求菌体为粗杆状，两端钝圆，原生质均匀，无杂菌，菌落表面为灰白色无光泽，菌苔厚而均匀。72 h 的培养物要求芽孢晶体形态典型且形成率达 98% 以上。

（2）克氏瓶扩大培养：将上述选定的菌种少许接入营养肉汤培养基中，30℃振荡培养 5～6 h 后，每个克氏瓶加入 2 mL 菌液，经反复摇晃使菌液均匀分布在克氏瓶培养基的表面，置 30℃培养 72 h。检查菌苔丰满，表面灰白色无杂菌；镜检芽孢晶体形成率为 98% 以上，置 4℃冰箱保存备用。

（3）芽孢种子（一级种子）悬液制备及接种：每个克氏瓶倒入无菌水 50 mL，并洗下菌苔，移入装有少量玻璃珠的无菌烧瓶内，充分振荡将菌苔打散，移入专用接种瓶，置 75℃水浴 20 min，按 10% 的接种量接入装有营养肉汤培养基 50 mL 的 500 mL 锥形瓶中。

（4）二级种子悬液制备：220 r/min，31℃，发酵周期 36～40 h。终止 pH 达 8.0 以上，待 30% 苏云金芽孢杆菌伴胞晶体游离时停止发酵。发酵过程的中间检测：发酵过程中每隔 4 h 取样，测定 pH，并涂片染色后用显微镜观察菌体生长发育形态，芽孢形成时记录同步率。

2）5 L 自控发酵罐发酵培养

（1）5 L 自控发酵罐空消灭菌后，在发酵罐内配制 2 L 发酵培养基，调 pH 至 8.0，再按一定比例加入微量消泡剂，121℃，30 min 实消灭菌。

（2）接种：待发酵罐中的培养基冷却至 30℃时采用火圈法，以 10% 的接种量接入二级种子液。

（3）发酵条件控制：发酵温度 28～31℃；搅拌转速 600～900 r/min；通气量（体积比）1（0.6～1.2）/min；发酵时间约 30 h。

3）发酵过程的中间检测及发酵中止　　发酵过程中每隔 4～6 h 取样，测定 pH，并涂片染色后用显微镜观察菌体生长发育形态，芽孢开始形成时记录同步率。发酵液 pH 达 8.0 以上，视 20%～30% 伴胞晶体游离时停止发酵。

4）发酵液质量检测发酵液活菌计数　　将发酵液按百倍稀释法稀释至 10^{-8} 稀释度，取 1 mL 与预热的营养肉汤固体培养基混合均匀铺平板，待凝固后置 30℃培养 24 h、48 h 计算菌落形成单位（CFU），每个样品设 3 个重复，并设空白对照，取平均值即为每毫升发酵液的活菌数。

5）结果记录

（1）制表或图示发酵过程中菌体生长、pH、温度、溶解氧量、搅拌速度及通风量的变化情况。

（2）记录发酵液的质量检测结果。

（五）注意事项

（1）不同苏云金亚种甚至同一亚种的不同菌株，其最佳发酵温度也有所不同，发酵时需针对菌株特性选择最具经济效率的温度，一般在 25～37℃。

（2）一般认为接种时机能明显影响毒素产量，可在菌体活性最强时（延迟期末、对数期初）接种，在一定程度上可以提高杀虫晶体蛋白的产量。

（六）思考题

（1）苏云金芽孢杆菌发酵过程中的通风和搅拌起到什么作用？

（2）如何利用计算机对整个发酵过程进行监测？

（3）如何通过发酵过程提高苏云金芽孢杆菌的杀虫毒力？

实验4-2-5　基因工程菌的发酵生产

（一）实验目的

（1）了解利用基因工程菌大规模生产生物活性物质的基本流程。

（2）掌握巴斯德酵母基因工程菌发酵生产的特点。

（二）实验原理

基因工程菌是指利用酶学的方法，在体外将各种来源的目的基因与特定载体DNA结合成具有自我复制能力的DNA分子（复制子、重组体），继而通过转化或转染宿主细胞筛选出含有目的基因的转化子细胞，再进行扩增，实现目的基因在转化子细胞内的高效表达，产生所需要的目的蛋白。利用此方法构建筛选出来的转化子细胞即为基因工程菌。利用基因工程技术，可以实现目的基因的快速扩增，设计构建具有新型生物活性的新物质甚至新物种，并通过发酵生产过程实现生物活性物质的大规模工业化生产。

利用基因工程菌发酵生产生物活性物质的开发流程大致为：载体与目的基因拼接构建重组质粒；将重组质粒导入受体细胞；进行转化子的筛选；得到重组转化子进行工程产品实验；投入应用。目前，商业化大规模生产中得到广泛应用的基因工程菌主要有大肠杆菌（*Escherichia coli*）基因工程菌、枯草芽孢杆菌（*Bacillus subtilis*）基因工程菌、酿酒酵母（*Saccharomyces cerevisiae*）基因工程菌、巴斯德毕赤酵母（*Pichia pastoris*）基因工程菌、黑曲霉（*Aspergillus niger*）基因工程菌、米根霉（*Rhizopus oryzae*）基因工程菌及各实验室自主开发的各种类型的工程菌。此外，也利用哺乳动物细胞（如中国仓鼠卵巢细胞）和植物细胞（如烟草）作为生物反应器生产各类目的蛋白。

由于巴斯德毕赤酵母基因工程菌在可操作性、培养条件、产物提取、产品活力等方面都存在诸多优势，目前其生产应用已发展得较为成熟，本实验即利用1株巴斯德毕赤酵母重组菌株进行壳聚糖酶的发酵生产实验。

（三）器具材料

药品及试剂：菌种——巴斯德毕赤酵母（*Pichia pastoris*）GS115-pPIC9K-*csn*重组菌株（由江西师范大学构建并保存），1%胶体壳聚糖（用0.05 mol/L pH为5.0的乙酸缓冲液配制），DNS试剂，超纯水，Tris-HCl缓冲液，PTM1溶液

（CuSO$_4$ 6.00 g，NaI 0.08 g，MnSO$_4$ 3.00 g，Na$_2$MoO$_4$ 0.20 g，H$_3$BO$_3$ 0.20 g，CoCl$_2$ 0.50 g，ZnCl$_2$ 20.00 g，FeSO$_4$·7H$_2$O 65.00 g，生物素 0.20 g，硫酸 5 mL，蒸馏水定容至 1 L）等。

YPD 液体（固体）培养基、BMGY 培养基：配方见实验 2-3-4。

BSM 发酵培养基：85% 磷酸 26.7 mL，CaSO$_4$ 0.93 g，K$_2$SO$_4$ 18.2 g，MgSO$_4$·7H$_2$O 14.9 g，KOH 4.13 g，甘油 40.00 g。

仪器及其他用品：5 L 小型自动发酵罐，高压蒸汽灭菌锅，超净工作台，培养皿，移液管，培养箱，摇床，水浴锅，pH 计，锥形瓶（250 mL）等。

（四）操作步骤

1）基因工程菌的活化与培养

（1）将保存于 -80℃ 的巴斯德毕赤酵母重组菌株（GS115-pPIC9K-*csn*）划线于 YPD 固体培养基中，于 30℃恒温培养箱培养 48 h，得到单菌落。

（2）从 YPD 固体培养基上挑单菌落，接入含 50 mL YPD 液体培养基的 250 mL 锥形瓶中，在 30℃下于 250 r/min 摇床中培养 18 h，按体积分数为 10% 的接种量接种，即接 20 mL 摇瓶种子到含 200 mL BMGY 培养基的 1 L 锥形瓶中，在 30℃下于 250 r/min 摇床中培养至 OD$_{600}$ 为 6.0 左右，作为高密度发酵的菌种。

2）重组壳聚糖酶的发酵表达

（1）在含 2 L BSM 发酵培养基的 5 L 发酵罐中，控制温度为 30℃，pH 为 5.0，溶氧为 20%～30%，转速与溶氧联动。

（2）当甘油消耗完全时（根据溶氧急剧上升判断为甘油消耗完全），饥饿 0.5 h 后开始流加 50%（质量体积比）的含 PTM1 12 mL/L 的甘油溶液，至菌体密度达 180 g/L 左右，饥饿 0.5 h，以 72 mL/h 的补料速率流加 100% 的含 PTM1 12 mL/L 甲醇诱导表达约 4 h。

（3）此后按 20 mL/h 的流速连续补加 100% 甲醇（混加入 PTM1 12 mL/L），发酵过程以质量分数为 25% 的氨水调 pH。

（4）每隔 12 h 取 5 mL 培养液离心，室温下 3000 r/min 离心 5 min 后分别获得上清液及菌体，菌体沉淀可以使用 0.05 mol/L Tris-HCl 缓冲液（pH 7.5）进行悬浮并经过数次稀释后，得到菌体悬浮液，测定其 OD$_{600}$。

3）重组壳聚糖酶性质的测定

（1）壳聚糖酶活性的测定：在 0.75 mL 1% 胶体壳聚糖（用 0.05 mol/L pH 为 5.0 的乙酸缓冲液配制）中加入 0.25 mL 适当稀释的酶液，于 50℃保温 10 min，沸水浴 5 min 灭活酶，4000 r/min 离心 15 min，取上清，3,5- 二硝基水杨酸（DNS）法测定酶解液中的还原糖（以氨基葡萄糖计），每分钟催化生成相当于 1 μmol 氨基葡萄糖的还原糖所需的酶量为 1 个酶活单位。

（2）生产曲线的绘制：将测定的壳聚糖酶酶活与菌体浓度（OD_{600}）填入表 4-3，并绘制壳聚糖酶酶活 - 发酵时间曲线及菌体的生长曲线。

表 4-3 壳聚糖酶酶活及菌体浓度记录表

发酵时间 /h	壳聚糖酶酶活 /（U/mL）	菌体浓度（OD_{600}）
0		
8		
16		
24		
32		
40		
48		
56		
64		
72		
80		
88		
96		

（五）注意事项

（1）在配制 BMGY 培养基时，生物素和 YNB 应采用微孔滤膜超滤除菌，然后再加入经高压蒸汽灭菌后的 BMGY 培养基中。

（2）可向培养基中加入适量玻璃珠，以增加重组工程菌发酵时的通氧量。

（3）在测定壳聚糖酶酶活性时，应对壳聚糖酶发酵液进行一定程度的稀释。

（六）思考题

（1）简述利用基因工程菌发酵生产生物活性物质的基本流程。

（2）发酵后期壳聚糖酶酶活不再升高的限制因素有哪些？

第五章　发酵工艺的控制及优化

发酵的工艺过程，不同于化学反应过程。在发酵过程中进行着极其复杂的生物化学反应，且与微生物细胞的生命息息相关。因此，发酵生产受许多因素的影响和工艺条件的制约。即使是同一菌种，在不同的厂家，生产水平也不一样，主要原因在于设备、原材料来源、培养条件等存在差异。一般菌种的生产性能越高，其表达应有的生产潜力所需的环境条件就越难满足。高产菌种比低产菌种对工艺条件的波动更为敏感。总之，发酵水平取决于菌体本身的性能和适宜的环境条件（如培养基、发酵温度、pH、溶解氧量等）。工艺控制的目的就是要为生产菌创造一个最合适的环境，使所需要的代谢活动得以最充分的表达。

发酵过程的控制主要包括发酵污染的防治及发酵工艺的优化两大方面。杂菌污染历来是发酵工业的大敌，发酵中的染菌可引起一系列的后果，包括生产菌生产能力的丧失（退化）、产品效益的陡降、产品提取趋于复杂化、"三废"（废水、废渣、废液）处理困难化等。熟悉与掌握发酵过程的无菌化操作固然重要，但掌握定期进行有效的发酵污染的检测并学习发酵污染后的处理方法也不可或缺。关于发酵工艺的控制，即对发酵条件进行控制，如发酵温度、pH、溶解氧量、发酵泡沫、搅拌速度、压力等，这几大因素都能对菌体的生长速度，发酵强度、酶活性、产物生成等产生显著而直接的影响，进而影响发酵的经济效益。

另外，发酵工艺的优化近年来在发酵工业中扮演的角色也愈加重要，通过对发酵工艺中影响发酵的各种因素进行分析，继而得到一个综合客观的分析与评价，最后形成一整套相应的技术经验与工艺优化方法。近年来，微生物发酵在相关工程技术领域的应用越来越广泛，该工艺包括培养基组分中碳源、无机盐、氮源、微量元素等的作用，并控制 pH、温度、溶解氧量等对发酵的影响，从而将微生物发酵工艺进行优化，以推进生产效率的提高和产业的应用发展。然而，若要使发酵工艺得到较好的控制效果，首先需要对发酵过程的基本技术原理掌握透彻。通过明确几种不同发酵培养技术的优缺点，进而熟悉生产菌种在不同工艺下的细胞生长、代谢与产物结合的变化规律，对于指导实际发酵生产具有积极的现实意义。

本章主要通过发酵污染控制、溶解氧量、补料发酵技术、发酵条件优化方法等几个实验对发酵工艺的控制与优化两方面进行介绍，以期学习者对发酵过程的工程技术基本原理与方法有一个基础性了解。

实验5-1　发酵污染的控制与检测

（一）实验目的

（1）了解发酵染菌的危害。

（2）学习控制与检测发酵污染的基本方法。

（二）实验原理

微生物工业自从采用纯种发酵以来，产率有了很大的提高。然而防止杂菌污染的要求也更高了。凡是在发酵液或发酵容器中侵入了非接种的微生物统称为杂菌污染。及早发现杂菌并采取相应措施，对减少由杂菌污染造成的损失至关重要。因此，检查的方法要求准确、快速。

发酵污染可发生在各个时期。种子培养期染菌的危害最大，应严格防止。一旦发现种子染菌，均应灭菌后弃去，并对种子罐及其管道进行彻底灭菌。发酵前期养分丰富，容易染菌，此时养分消耗不多，应将发酵液补足必要养分后迅速灭菌，并重新接种发酵。发酵中期染菌不但严重干扰生产菌株的代谢，而且会影响产物的生成，甚至使已形成的产物分解。由于发酵中期养分已被大量消耗，代谢产物的生成又不是很多，挽救处理比较困难，可考虑加入适量的抗生素或杀菌剂（这些抗生素或杀菌剂应不影响生产菌正常生长代谢）。如果是发酵后期染菌，此时产物积累已较多，糖等养分已接近耗尽，若染菌不严重，可继续进行发酵；若污染严重，可提前放罐。染菌程度越重，危害越大；染菌少，对发酵的影响就小。若污染菌的代时为 30 min，延滞期为 6 h，则由少量污染（1个杂菌/L 发酵液）到大量污染（约 10^6 个杂菌/mL 发酵液）约需 21 h，所以应根据污染程度和发酵时期区别对待。

（三）器具材料

药品及试剂：营养琼脂培养基（蛋白胨 10 g，牛肉膏 3 g，NaCl 5 g，琼脂 20 g，蒸馏水定容至 1 L，pH 7.2），葡萄糖酚红肉汤培养基（牛肉膏 3 g，蛋白胨 8 g，葡萄糖 5 g，NaCl 5 g，1% 酚红溶液 4 g，蒸馏水定容至 1 L，pH 7.2）等。

仪器及其他用品：显微镜，高压蒸汽灭菌锅，超净工作台，吸气瓶等。

（四）操作步骤

1）显微镜检查

（1）用无菌操作方式取发酵液少许，涂布在载玻片上。

（2）自然风干后，用番红或草酸铵结晶紫染色 1~2 min，水洗。

（3）干燥后在油镜下观察。如果从视野中发现有与生产菌株不同形态的菌体则可认为是污染了杂菌。该法简便、快速，能及时检查出杂菌。

　　但仍存在以下问题：①对固形物多的发酵液检查较困难；②对含杂菌少的样品不易得出正确结论，应多检查几个视野；③由于菌体较小，本身又处于非同步状态，应注意不同生理状态下的生产菌与杂菌之间的区别，必要时可用革兰氏染色、芽孢染色等辅助方法鉴别。

　　2）平板检查

　　（1）配制营养琼脂培养基，灭菌，倒平板。

　　（2）取少量待检发酵液稀释后涂布在营养琼脂平板上，在适宜条件下培养。

　　（3）观察菌落形态。若出现与生产菌形态差异较大的菌落，就表明可能被杂菌污染。若要进一步确证，可配合显微镜形态观察，若个体形态与菌落形态都与生产菌相异，则可确认污染了杂菌。此法适于固形物较多的发酵液，而且形象直观，肉眼可见，不需要仪器。但需严格执行无菌操作技术，所需时间较长，至少也需 8 h，而且无法区分形态与生产菌相似的菌。在污染初期，生产菌占绝大部分，污染菌数量很少，所以要做比较多的平行试验才能检出污染菌。

　　3）肉汤培养检查法

　　（1）配制葡萄糖酚红肉汤培养基。

　　（2）将上述培养基装在吸气瓶中，灭菌后，置 37℃培养 24 h，若培养液未变浑，表明吸气瓶中的培养液是无菌的，可用于杂菌检查。

　　（3）把过滤后的空气引入吸气瓶的培养液中，经培养后，若培养液变浑浊，表明空气中有细菌，应检查整个过滤系统，若培养液未变浑浊，说明空气无菌。此法主要用于空气过滤系统的无菌检查。还可用于检查培养基灭菌是否彻底，只需取少量培养基接入肉汤中，培养后观察肉汤的浑浊情况即可。

　　4）发酵参数判断法

　　（1）根据溶解氧量的异常变化来判断：在发酵过程中，以发酵时间为横坐标，以溶解氧量为纵坐标作耗氧曲线。每一种生产菌都有其特定的耗氧曲线，如果发酵液中的溶解氧量在较短的时间内快速下降，甚至接近零，且长时间不能回升，则很可能是污染了好氧菌；如果发酵液中的溶解氧量反而升高，则很可能是由厌氧菌或菌体的污染使生产菌的代谢受抑制而引起的。

　　（2）根据排气中 CO_2 含量的异常变化来判断：在发酵过程中，以发酵时间为横坐标，以排气中 CO_2 的含量为纵坐标作曲线。对特定的发酵而言，排气中 CO_2 的含量变化也是有规律的。在染菌后，糖的消耗发生变化，从而引起排气中 CO_2 含量的异常变化。一般来说，污染杂菌后，糖耗加快，CO_2 产生量增加；污染噬菌体后，糖耗减慢，CO_2 产生量减少。

　　（3）根据 pH 的变化及菌体酶活力的变化来判断：在发酵过程中，以发酵时间为横坐标，以发酵液的 pH 为纵坐标作 pH 变化曲线；或定时测定酶活，以酶活为纵坐标，作酶活变化曲线。特定的发酵具有特定的 pH 变化曲线和酶活变化曲线。若在工艺不变的情况下这些特征性曲线发生变化，很可能是污染了杂菌。

（五）注意事项

（1）在污染初期，生产菌占绝大部分，污染的数量很少，所以无论是显微镜直接检查法，还是平板间接检查法，必须要做比较多的平行实验才能检出污染菌；而用发酵参数判断则很难检查出早期的污染菌。

（2）肉汤培养检查法只能用于空气过滤系统及液体培养基的无菌检查，不适用于发酵液的检查。

（3）显微镜检查时注意区分固形物和菌体，一般经单染色后，菌体着色均匀，且有一定形状（球状、杆状或螺旋状）；固形物无特定形状，着色浅或不着色。

（六）思考题

（1）是否可用营养肉汤代替葡萄糖酚红肉汤培养基进行空气过滤系统及培养基的无菌检查？为什么？

（2）除了以上介绍的方法外，是否还有其他方法来判断染菌情况？

（3）通常情况下，发酵生产中污染杂菌都是以预防为主。结合本实验并查阅资料，说出防止杂菌的污染主要从哪几个方面进行？

实验5-2　分批补料发酵的控制与检测

（一）实验目的

（1）以巴斯德毕赤酵母为例，了解并掌握种子培养基的活化及葡萄糖的分批补料发酵培养的原理及方法。

（2）了解并熟悉葡萄糖流加补料培养基策略，学习巩固发酵参数的测定方法。

（二）实验原理

分批补料培养的优点是能够人为地控制流加底物在培养液中的浓度。分批操作中一次加入的底物在补料分批操作中逐渐流加，因而可根据流加底物的流量及其被微生物消耗的速率，将该底物的浓度控制在目标值附近，这就是分批补料培养控制技术所要解决的关键和核心问题。分批补料操作的核心是控制底物浓度，操作的关键就是流加什么物质及如何流加。

甲醇营养型巴斯德毕赤酵母是一种具有表达率高、遗传稳定、产物可分泌等优点的外源分泌蛋白和胞内蛋白表达的一种优秀宿主，它能够生长在以甲醇作为唯一碳源和能源的培养基上，拥有一条高效诱导的甲醇利用途径。目前巴斯德毕赤酵母表达系统在国内外的应用非常广泛，到目前为止，已有数百种外源蛋白在该系统中得到表达。而高密度发酵是基因工程菌提高外源蛋白表达水平的一种重要策略，通常作为以毕赤酵母为代表的工程菌的发酵培养方式。本实验中则通过控制和比较3种流加策略来进行补料（间歇补料、恒速流加补料、指数流加补料），分析比较其对毕赤酵母培养影响的差异。

（三）器具材料

药品及试剂：菌种斜面 [巴斯德毕赤酵母（GS115-pPIC9K-*csn*），由江西师范大学构建并保存]，DNS 试剂，蒸馏水等。

YPD 液体（固体）培养基：配方见实验 2-3-4。

发酵基础培养基：葡萄糖 1%，KH_2PO_4 0.7%，$MgSO_4 \cdot 7H_2O$ 0.03%，$FeSO_4 \cdot 7H_2O$ 0.05%，$MnSO_4 \cdot H_2O$ 0.05%，25% 氨水调节至 pH 5.5。

发酵补料培养基：葡萄糖 40%，$MgSO_4 \cdot 7H_2O$ 10 g/L，培养基灭菌条件 0.1 MPa，121℃灭菌。

仪器及其他用品：小型自控搅拌发酵罐，离心机，碱液瓶，可见光分光光度计，培养皿，水浴锅，锥形瓶，移液管，移液器等。

（四）操作步骤

1）种子的活化　　将超低温保存的菌种斜面接种于 YPD 固体平板上，进行菌种的活化，初步筛选长势较好的菌落。

2）种子培养基的摇瓶培养　　将挑取的菌落接入装有 50 mL YPD 液体培养基的摇瓶中，置于摇床上在 24℃，200 r/min 的条件下培养 48 h。

3）葡萄糖的分批发酵培养　　将摇瓶种子按 10% 的接种量接入装有 3 L 发酵基础培养基的 5 L 发酵罐中进行发酵，通气量为 1.5 vvm，在碱液瓶中加入质量分数为 25% 的浓氨水，并使发酵过程中的培养液 pH 控制在 5.5，空气流量为 1.5 vvm，转速为 800 r/min 时，接种前设定溶解氧量为 100%，当初始葡萄糖耗尽后开始流加补料液。

4）葡萄糖流加　　在葡萄糖分批发酵阶段结束以后以 3 种不同的流加策略流加补料培养基直到菌体培养至所需浓度，此阶段，依旧通过流加 25% 氨水保持 pH 恒定在 5.5，调节通气量和搅拌转速使得溶解氧量维持在 20% 以上。

（1）间歇补料发酵：间歇补料是一种常见的流加发酵方式，实验中每次补料量为 70 mL，每 4 h 补加一次，64 h 结束发酵，总补料量为 640 mL，折合葡萄糖 224 g。

（2）恒速流加补料发酵：在分批发酵结束后，以 5 mL/（L·h）的恒定速率流加补料液，每 4 h 测定菌体密度，56 h 补料结束，共补料 600 mL，折合葡萄糖 240 g。

（3）指数流加补料发酵：理想的微生物生长是菌体量相对时间以指数函数增加，有研究也证实了指数流加更适用于发酵基因工程菌高密度培养。指数流加进料速率与时间的关系为

$$F(t) = \frac{\mu_{set} V_0 X_0 \exp(\mu_{set} t)}{Y_{x/s}(S_F - S)}$$

式中，$F(t)$ 为 t 时刻时的葡萄糖流加速率（L/h）；V_0 为补料开始时发酵液的体积

（L）；X_0 为补料开始时的菌体浓度（g/L）；μ_{set} 为设定的比生长速率；t 是发酵时间（h）；$Y_{x/s}$ 为分批发酵数据；S_F 为流加葡萄糖的浓度（g/L），S 为葡萄糖罐底浓度（g/L）。

可通过酵母分批发酵的生长曲线，推理获得菌体的生长动力学模型。可进行 52 h 的指数补料发酵实验，前 20 h 设定 $\mu_{set}=0.20$ /h，后 32 h 可设定 $\mu_{set}=0.15$ /h，每隔 4 h 测定一次发酵参数。

5）发酵参数的测定

（1）酵母细胞密度的测定：计数板测定法。

（2）菌体生物量的测定：分光光度计测定法。

（3）pH 及溶解氧量的测定：发酵罐在线检测。

（4）葡萄糖浓度的测定：DNS 法。

（5）单位体积菌体细胞干重：干燥称重。

（五）注意事项

（1）样品发酵参数应多测定几次，避免操作误差，菌种接种应严格无菌操作，并定期监测发酵液的污染状况。

（2）因实验周期较长，可选择两种补料发酵方式进行控制实验，并分多组进行轮值实验。

（六）思考题

（1）简述补料 - 分批培养技术在发酵工业的具体应用情况。

（2）在发酵的过程中，你认为还可以采取哪些措施以加速酵母菌的生长？

（3）在进行指数流加培养时，为什么前期设定的比生长速率比后期设定的大一些？

实验5-3　发酵罐培养酵母动力学模型的建立

（一）实验目的

（1）学习和掌握发酵过程的参数检测，学习发酵罐的操作。

（2）掌握发酵过程动力学模型的建立方法。

（二）实验原理

黏红酵母属于红酵母属，外形呈细胞圆形、卵形或长形，（2.3～5.0）μm×（4.0～10）μm。黏红酵母发酵生产类胡萝卜素具有一定的优势：①可利用蔗渣、废蜜等进行培养，成本较低；②周期短，发酵控制容易，有利于工业生产；③菌体无毒，并含有丰富的蛋白质和维生素。因此，用黏红酵母生产类胡萝卜素具有较大的应用价值和研发前景。

很多时候，通过模型的构建更容易在生产上了解发酵的特点，并及时做出相应发酵条件的改变，通常在一定程度上也提高了其发酵产品的效能。本实验即通过发酵过程测得的实验数据，依据一定的通用、经典参考模型，建立适合某一特定微生物（以黏红酵母为例）发酵过程的动力学模型。

（三）器具材料

药品及试剂：黏红酵母菌种斜面，蒸馏水，3,5-二硝基水杨酸，二甲基亚砜（DMSO）等。

PDA 培养基：配方见附录Ⅱ。

种子培养基：葡萄糖 30 g/L，酵母浸粉 5 g/L，KH_2PO_4 2 g/L，Na_2HPO_4 1 g/L，$MgSO_4$ 2 g/L，用自来水配制，调 pH 至 5.0。

发酵培养基：葡萄糖 50 g/L，酵母浸粉 5g/L，$(NH_4)_2SO_4$ 6 g/L，KH_2PO_4 6 g/L，Na_2HPO_4 1 g/L，$MgSO_4$ 5 g/L，pH 自然。

仪器及其他用品：5 L 全自动发酵罐、恒温振荡培养箱、分光光度计、恒温水浴锅、天平、电炉、超净工作台、卧式高压蒸汽灭菌锅、离心机等。

（四）操作步骤

1）动力模型的选择　　按照经典的发酵过程的动力学模型，对于牛顿流体发酵，在满足这些模型的假设条件下，选择如下动力学模型的速率函数作为本实验的参考模型。

$$\mu = \frac{1}{X}\frac{dX}{dt}; \quad \frac{dP}{dt} = \alpha\frac{dX}{dt} + \beta X$$

$$S = \frac{1}{X}\frac{dS}{dt}; \quad \mu = \mu_{max}\frac{S}{K_S + S}$$

上式中，X 为生物量；S 为发酵底物；P 为发酵产物；t 为发酵时间；μ 为菌比生长速率；μ_{max} 为菌最大比生长速率；K_s 为半饱和常数；α 与 β 为变量参数。

2）实验数据的获得

（1）菌种活化：将斜面上保藏的黏红酵母接种于新鲜 PDA 培养基斜面，于 25℃ 培养 48 h。

（2）种子液制备：用接种环接种两满环活化的菌种置于装有 50 mL 种子培养基的 250 mL 锥形瓶中，于 24℃，200 r/min 下培养 48 h 作为种子液。

（3）发酵罐的清洗：将发酵罐罐盖打开，小心清洗罐体及搅拌部分。

（4）配制培养基：用约 1 L 热水溶解配制的发酵培养基，定容至 2.5 L，装入 5 L 发酵罐（即工作体积 2.5 L），加入 0.1% 的消泡剂，封好罐体，用止水夹夹紧取样口硅胶管、进气管微滤膜与罐体部分的硅胶管，但切不可夹紧出气口硅胶管。

（5）灭菌：将封好的发酵罐送入卧式高压蒸汽灭菌锅，卧式高压蒸汽灭菌锅使用前先预热以节省灭菌时间。放入发酵罐后密封灭菌锅门，将加热旋钮旋至

0.11 MPa 挡，将灭菌旋钮旋至灭菌挡，灭菌开始。待灭菌室压力升至 0.1 MPa 时计时 15～20 min，灭菌结束。将灭菌旋钮旋至慢排挡，待灭菌室压力降至 0.05 MPa 时旋至快排挡，待灭菌室压力接近 0 MPa 时将旋钮旋至全排挡然后小心打开灭菌锅门。

（6）冷却：带上厚防护手套取出发酵罐，小心轻放在发酵罐基座上，接好罐体夹套循环水、排气口循环水及压缩空气，打开发酵罐温度控制开关、转速控制开关，打开空气阀门、冷水阀门，通入压缩空气和冷水对发酵罐进行降温。

（7）接种与发酵：发酵罐待冷却至 26℃后将 200 mL 种子液在火焰保护下接种到发酵罐中，在通气量为 0.2 vvm，300 r/min、22℃条件下进行培养，每隔 6 h 取样一次进行黏红酵母生物量、葡萄糖残留量和类胡萝卜素含量的分析，培养 60 h 实验结束。

（8）取样与参数分析：① 葡萄糖的测定用 DNS 比色法。② 生物量的测定用干燥称重法。③ 类胡萝卜素含量的测定如下。取 5 mL 发酵液以 6000 r/min 的转速离心 8 min，用蒸馏水洗涤、离心 3 次，加入 DMSO 3 mL，用玻璃棒搅拌至菌体溶解，6000 r/min 离心 8 min，收集上清液于试管中，再次加入 DMSO 进行溶解离心等操作，如此多次提取直到菌体无色。用可见光分光光度计于 480 nm 波长下比色，测定总类胡萝卜素含量。

$$类胡萝卜素含量 =1.25 \times V_f \times OD_{480}$$

式中，V_f 为提取液体积；OD_{480} 为 480 nm 处的光密度值。

（9）结果的分析：采用 Matlab 7.01（或其他软件）对数据进行处理，求动力学模型中的 μ_{max}、α、β、K_S，将模型进行简化后代入上述模型中，将上述各式积分，联合求解。

求得发酵过程中黏红酵母的生物量（X）、类胡萝卜素含量（Q）和底物消耗量（S）与发酵时间的函数关系：$X=M(t)$、$Q=N(t)$ 和 $S=L(t)$。模型建立完成。

（五）注意事项

发酵罐的接种应严格进行无菌操作，发酵参数同批次可分多个样品测量 3 次左右，减少实验误差。

（六）思考题

（1）有哪些软件可用于对模型中的数据进行处理，可以学习哪些软件以便于今后的学习与工作？

（2）查阅资料，动力学模型的构建还可以参照哪些模型方程？

实验5-4 发酵液中溶解氧量的控制与检测

（一）实验目的

（1）了解电化学测氧电极的工作原理，了解机械搅拌通风式发酵罐的搅拌转速及通风量对溶氧速率的影响。

（2）学习测量发酵罐溶解氧量的方法，并掌握确定发酵体系临界溶解氧量的方法。

（二）实验原理

发酵液的溶解氧量是一个十分重要的发酵参数，它既影响细胞的生长，又影响产物的合成，这是因为当发酵过程中溶解氧量很低时，细胞的供氧速率会受限。反应器条件下溶解氧量的检测远比检测温度困难，低溶解氧量使其检测更加困难。目前，溶解氧量的检测方法有 3 种：导管法、质谱电极法、电化学测氧电极。本实验中采用电化学测氧电极，这也是当前最常用的溶解氧量检测仪器，其结构如图 5-1 所示。

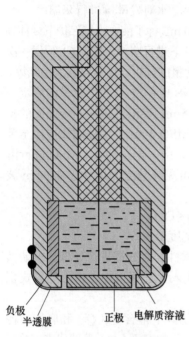

负极
半透膜　　　正极　电解质溶液

图 5-1　电化学测氧电极

从结构上来看，测氧电极实质上是一个对氧敏感的原电池，电极腔内注满电解质溶液，外紧贴正极表面的是一片半透性薄膜，它将电极与被测介质隔开，只让氧通过，并且透过的氧立即在电极上反应。当电极与外电路接通时，电子由负极流向正极，氧在正极上取得电子还原为 OH⁻。被测介质中氧的浓度愈高，在电极上反应的氧量就愈大，因而在外电路通过的电流量也就愈大。该电流量通过转换直接显示为溶解氧量（%）。

溶解氧量控制的基本原则：当氧浓度与设定值的差值在允许范围内时，不需要开电机搅拌；测定的溶解氧量与设定值的差在允许范围之外时，则启动电机提高反应速度。当进行一段时间后，无论溶解氧量为多少，均要停机一段时间。通过选择适宜的电机转动时间和停机时间，使溶解氧量浓度停留在非敏感区域的时间最小。

（三）器具材料

药品及试剂：酿酒酵母（*Saccharomyces cerevisiae*），发酵消泡剂，蒸馏水等。

斜面种子培养基：葡萄糖 50 g，KH_2PO_4 2.5 g，$(NH_4)_2SO_4$ 1 g，尿素 1 g，$MgSO_4 \cdot 7H_2O$ 1 g，酵母粉 0.5 g，$FeSO_4$ 0.1 g，琼脂 20 g，蒸馏水 1 L，pH 6.0。

液体种子培养基：葡萄糖 20 g，酵母粉 10 g，蛋白胨 10 g，蒸馏水 1 L，pH 自然。

基础限氮发酵培养基：葡萄糖 15 g，KH_2PO_4 1.5 g，$(NH_4)_2SO_4$ 2.5 g，木薯淀

粉 55 g（加 1 g 淀粉酶水解）、$MgSO_4 \cdot 7H_2O$ 0.9 g、酵母粉 0.9 g，蒸馏水定容至 1 L。

补料培养基：木薯淀粉 300 g（加 4g 淀粉酶水解），蒸馏水定容至 1 L。

仪器及其他用品：小型全自动通气搅拌式发酵罐，超净工作台，高压蒸汽灭菌锅，生化培养箱，薄膜、厚膜溶氧电极，计时器等。

（四）操作步骤

1）溶解氧量的测定实验

（1）斜面种子培养：从母种培养基取种接种于斜面培养基上，30℃恒温培养 7 d。

（2）摇瓶种子培养：500 mL 摇瓶中加入 50 mL 液体种子培养基（或 30 mL/250 mL 锥形瓶），灭菌后冷却，挖一块约 0.5 cm^2 小块斜面放入培养基中，30℃、180 r/min，培养 24 h。

（3）将发酵培养基加入发酵罐，插入调整好的氧电极，灭菌，连接，设定好相应的温度、通风量及搅拌转速。

（4）连接氧电极输出端。

（5）接入适量的种子液，开始培养。

（6）溶解氧值通过溶氧电极在线测定。

2）溶解氧量的控制实验

（1）选用厚膜（25 μm）和薄膜（5 μm）测定空耗时间和灵敏度 k（表 5-1）。

表 5-1 膜厚度对溶氧电极参数的影响

膜的厚度 /μm	空耗时间 /s	灵敏度 k/s^{-1}
5		
25		

（2）使用薄膜测定搅拌转速 100 r/min、200 r/min、300 r/min、400 r/min、500 r/min 下的 K_La 值，求 $K_La=constN^n$ 这个式子中的常数 const 和 n（表 5-2）。

表 5-2 搅拌转速对 K_La 的影响

搅拌转速 /（r/min）	100	200	300	400	500
K_La/h^{-1}					

（3）控制溶解氧量为饱和值的 80%、60%、40%、20%，求出搅拌电机的待

机时间和转动时间（表 5-3）。

表 5-3　溶解氧量对搅拌电机待机时间及转动时间的影响

饱和溶解氧量 /%	待机时间 /min	转动时间 /min
20		
40		
60		
80		

（4）将实验数据处理后，依次记录在表 5-1～表 5-3 中。

（五）注意事项

（1）电机的输出信号的变化与实际溶解氧量的变化存在一个延迟时间，正常工作状态下一般可忽略。

（2）实验过程中注意严格无菌操作，当实验强度较大时，一般选用厚膜。

（六）思考题

（1）溶氧电极日常应如何维护？

（2）结合实验结果，你发现哪个因素对溶氧速率的影响较为显著？

（3）试分析二氧化碳对发酵过程产生的影响。

实验5-5　发酵工艺的优化设计

单因素实验

（一）实验目的

（1）初步领会优化实验的基本原则与方法，进一步复习巩固培养基配制、摇瓶发酵和发酵参数等的测定等操作。

（2）为后续的正交实验与响应面实验提供优化因素和水平的借鉴。

（二）实验原理

单因素实验是优化实验的设计方法之一，其特点是，实验设计时只有一个影响因素，或虽有多个影响因素，在安排实验时只考虑一个对指标影响最大的因素，其他因素尽量保持不变，其优点是方便简单。单因素实验是摇瓶发酵工艺优化实验的初级实验。

在设计单因素实验时，其考察的因素是连续变量，可采用均分法、对分法、黄金分割法（0.618 法）和对数法等，而均分法最为直观、方便。本实验以实验室现有菌株［JXNUWX-1，解淀粉芽孢杆菌（*Bacillus amyloliquefaciens*），分离自豆豉发酵样品］为实验对象，通过选取不同的因素及水平进行发酵，发酵一定时间后，测定不同单因素水平下发酵液中纤溶酶（fibrinolytic enzyme）的酶活性，进而评判这些因素对发酵液中产酶的影响。

选取的单因素可分为发酵培养基组成（氮源、碳源种类及浓度）及发酵条件（pH、温度、转速、接种量、发酵时长）两大类，因实验周期较长，以班级为单位，可分为三或四大组进行实验，每组分别选取 1 或 2 个因素进行实验即可。

（三）器具材料

药品及试剂：解淀粉芽孢杆菌斜面，纤维蛋白酶原，尿激酶（注射用，可催化纤溶酶原生成纤溶酶），蒸馏水等。

种子培养基：氮源、碳源、NaCl（0.5%）。

发酵培养基：配方同种子培养基。

仪器及其他药品：pH 计，分析天平，恒温培养摇床，超净工作台，电热恒温培养箱，高压蒸汽灭菌锅，接种工具，移液器，锥形瓶（50 mL）等。

（四）操作步骤

1）实验准备

（1）实验前两天，每组选取 1 或 2 个因素，确定实验方案。可供选择的主要有氮源种类、浓度，碳源种类、浓度，初始 pH，发酵时间，接种量，发酵温度，无机盐离子配比等，本实验中建议选取的因素及水平如下。

氮源种类：胰蛋白胨、蛋白胨、牛肉粉。氮源浓度：1.5%、2.0%、2.5%、3.0%。

碳源种类：葡萄糖、蔗糖、玉米淀粉。碳源浓度：2.0%、2.5%、3.0%、3.5%。

初始 pH：6.5、7.0、7.5、8.0、8.5。发酵时间：24 h、48 h、72 h、96 h。

（2）纤维蛋白平板的制作：取 10 mL 熔化的 3% 琼脂，待温度降至 50℃左右时，加入纤维蛋白酶原溶液，漩涡振荡后，再迅速加入凝血酶溶液，充分混匀后，立即倒平板，尽量避免产生气泡。待其冷却凝固后，即制成纤维蛋白平板。用胶头滴管打孔，直径 2 mm，备用。

实验前一天，还应准备实验需要的小型仪器耗材及试剂等。

2）尿激酶标准曲线的制作　　配制尿激酶标准溶液：以 10^5 U/ 瓶的标准尿激酶，配制成不同浓度的尿激酶溶液，由低至高分别为 10 U/mL、20 U/mL、50 U/mL、100 U/mL、150 U/mL、200 U/mL、300 U/mL、400 U/mL。绘制尿激酶标准曲线：分别吸取 10 μL 尿激酶标准溶液，对应加入纤维蛋白平板的小孔中，静置 10 min 后，放入 37℃电热恒温培养箱中孵育 10 h，测量溶圈直径。以 lgU+2 作为横坐标，溶解圈直径乘积代表溶解圈面积作为纵坐标，求标准曲线。

3）培养基的单因素优化设计

（1）不同氮源对产酶的影响：除氮源外，培养基的其他成分不变，探讨不同氮源对产酶的影响。不同氮源包括胰蛋白胨、蛋白胨、牛肉粉（浸膏）。取培养12 h 的新鲜种子发酵液，分别吸取 1 mL（接种量 1%～3%，下同），加入含不同氮源的培养基中，37℃摇床培养 7 d，每天定时测定发酵液的酶活性大小（纤维蛋白平板法）。

（2）不同氮源浓度对产酶的影响：选定最佳氮源后，探讨不同氮源浓度对产酶的影响，如 1.5%、2.0%、2.5%、3.0%（可依据发酵情况，自行选取浓度分组及组数）。取培养 12 h 的新鲜种子发酵液，分别吸取 1 mL 加入含不同氮源浓度的培养基中，37℃摇床培养 7 d，每天定时测定发酵液的酶活性大小。

（3）不同碳源对产酶的影响：除碳源外，培养基的其他成分不变，探讨不同碳源对产酶的影响。不同碳源包括葡萄糖、蔗糖、玉米淀粉。取培养 12 h 的新鲜种子发酵液，分别吸取 1 mL 加入含不同碳源的培养基中，37℃摇床培养 7 d，每天定时测定发酵液的酶活性大小。

（4）不同碳源浓度对产酶的影响：选定最佳碳源后，探讨不同碳源浓度对产酶的影响，如 2.0%、2.5%、3.0%、3.5%（可依据发酵情况，自行选取浓度分组及组数）。取培养 12 h 的新鲜种子发酵液，分别吸取 1 mL 加入含不同碳源浓度的培养基中，37℃摇床培养 7 d，每天定时测定发酵液的酶活性大小。

4）发酵条件的单因素优化设计

（1）初始 pH 对产酶的影响：选用规格一样的 50 mL 锥形瓶 6 个，每瓶分装 20 mL 发酵培养基，用 pH 计调节 6 瓶培养基的酸碱度，使其初始 pH 分别为 6.5、7.0、7.5、8.0、8.5，然后 113℃高压蒸汽灭菌 30 min。取培养 12 h 的新鲜种子发酵液，分别吸取 1 mL 加入每瓶中。37℃摇床培养，24 h 后测定不同初始 pH 下，发酵液的酶活性大小。

（2）不同发酵时间对产酶的影响：选用规格一样的 50 mL 锥形瓶 2 个，每瓶分装 20 mL 发酵培养基，113℃高压蒸汽灭菌 30 min。取培养 12 h 的新鲜种子发酵液，分别吸取 1 mL 加入每瓶中。37℃摇床培养，12 h 后各取 200 μL 发酵液到无菌试管中，置于 4℃冰箱保存，以后每 24 h 取样一次，操作如前所述，共培养 7 d，测定不同培养时间下发酵液的酶活性。

5）结果的统计与记录　　根据标准曲线及测定的酶活性用 Origin 或 Excel 整理数据和作图，采用专业方差分析软件或 SPSS 等软件进行方差分析，得出结论，完成实验报告。

（五）注意事项

（1）将发酵液所需无机盐与葡萄糖等配成 10× 或 50× 母液，再按照稀释倍数添加，更加方便准确，如需短期使用，配好后应尽快置于4℃冰箱中。

（2）实验过程中注意严格无菌操作，酶活应进行多次平均测定以避免偶然误差，因实验器皿较多，每次做完实验需及时清洗器皿、灭菌后干燥等。

（六）思考题

根据实验结果分析，你发现哪几个单因素对发酵产纤溶酶活性具有较为显著的影响？

正 交 实 验

（一）实验目的

（1）领会和掌握正交实验确定微生物发酵培养基的配方及培养条件。
（2）为后续的响应面实验提供优化因素及水平的借鉴。

（二）实验原理

正交实验设计是利用正交表来安排与分析多因素实验的一种设计方法，它是从全部水平组合中挑选具有代表性的水平组合进行实验，通过对这部分结果的分析来了解全面实验的情况，找出最优的水平组合。正交实验设计具有均匀分散性和整齐可比性的特点。均匀设计是利用数论从所有可能的水平组合中寻找有均匀分散的代表组合（列成均匀设计表）进行实验，然后用回归分析的方法建立实验因素与目标值之间的数学模型，再利用最优化理论寻找最优实验条件。

正交实验实施的过程可大致分为6步：①根据单因素实验结果，结合文献及实验条件，确定实验因素及水平数；②选用合适的正交表；③列出实验方案；④按实验方案实施，获得实验结果；⑤对正交实验设计结果进行分析，如极差分析和方差分析；⑥确定最优或较优因素进行水平的组合。

由于在"单因素实验"中已确定玉米淀粉及牛肉粉分别是最佳碳源及氮源，发酵时间72 h，接种量1%，挑取其中3个较为明显的影响因子因素，如玉米淀粉浓度、牛肉粉浓度、初始pH进行正交优化实验。在正交优化实验设计中，有不同的正交表可供选用，本实验中即采取$L_9(3^3)$正交表（可以参考第一章进行学习），本次正交实验主要考察发酵培养基的两种生长因子及一种培养条件对产纤溶酶的影响，发酵培养基中的生长因素和培养条件即为影响因子，各因素选定的浓度及用量为各因子的水平。

（三）器具材料

药品及试剂：解淀粉芽孢杆菌斜面，纤维蛋白酶原，尿激酶（注射用），蒸馏水等。

发酵培养基：牛肉粉、玉米淀粉、NaCl（0.5%）。

仪器及其他药品：pH计，分析天平，恒温培养摇床，超净工作台，电热恒温培养箱，高压蒸汽灭菌锅，接种工具，移液器，锥形瓶（50 mL）等。

（四）操作步骤

（1）根据实验需求选用正交表，在正交表的表头列号上排定实验因子，制订实验方案，这一过程称为表头设计。本实验选用 $L_9(3^3)$ 正交表，考察牛肉粉浓度、玉米粉浓度及发酵初始 pH 对发酵液中纤溶酶产量的影响，实验设计如表 5-4 所示。

表 5-4　正交实验设计

因素水平	A：玉米淀粉 /%	B：牛肉粉 /%	C：初始 pH
1	2.5	1.5	7.0
2	3.0	2.0	7.5
3	3.5	2.5	8.0

（2）按 $L_9(3^4)$ 正交设计表配制 9 组培养基于 50 mL 锥形瓶中，每瓶 20 mL，每组设计 3 个平行样，正交表方案如表 5-5 所示。

表 5-5　正交表实验方案

组别	A：玉米淀粉 /%	B：牛肉粉 /%	C：初始 pH	酶活力 /（U/mL）
1	1（2.5）	1（1.5）	1（7.0）	
2	2（3.0）	1（1.5）	2（7.5）	
3	3（3.5）	1（1.5）	3（8.0）	
4	1（2.5）	2（2.0）	2（7.5）	
5	2（3.0）	2（2.0）	3（7.0）	
6	3（3.5）	2（2.0）	1（7.0）	
7	1（2.5）	3（2.5）	1（7.0）	
8	2（3.0）	3（2.5）	3（8.0）	
9	3（3.5）	3（2.5）	2（7.5）	

（3）按照正交优化设计 9 个实验中各个因素按对应的水平配制好后，于 113℃高压蒸汽灭菌 30 min，灭菌完毕后冷却至 40℃。

（4）冷却后于超净工作台上接种（接种量约 1%），发酵菌种子培养基见"单因素实验"，将锥形瓶置于 37℃培养 72 h。

（5）酶活力的测定：利用纤维蛋白平板对纤溶酶酶活力进行测定。

（6）实验数据的处理：将所测得的酶活力填入表 5-5 中每组的空白处，采用正交优化实验设计助手软件对实验数据进行结果处理，获得直观分析表、方差分析表及交互作用表，生成效应曲线图，保存相关文件，分析后得出最佳的产纤溶酶的发酵条件。

（五）注意事项

（1）限于篇幅，读者可自行检索正交设计助手软件资源及具体操作。

（2）由于正交设计的特点，待优化的因素对应的药品通常不通过母液添加，共有成分可用添加母液后定容的方法。

（六）思考题

正交实验的实施有三个要点：① 选择适当的正交设计因素及水平；② 配制培养基；③ 分析正交实验结果。你认为最重要的一步是什么？为什么？

响应面实验

（一）实验目的

（1）了解和掌握响应面实验设计（以 Box-Behnken design 设计为主）的原则和方法。

（2）以摇瓶发酵水平为例，进一步掌握发酵工艺优化设计，培养独立操作的能力。

（二）实验原理

响应面实验设计与正交设计一样，也是一种常用的发酵工艺优化方法，它是将体系的响应（发酵产量）作为一个或多个因素（碳源用量、氮源用量、钾源用量、盐度、酸碱度、发酵温度等）的函数，运用图形技术将这种函数关系显示出来，并采用多元二次回归方程来拟合因素和响应值之间的函数关系，通过回归方程来寻求各因素的最优水平，可以认为响应面设计是正交设计的升级版。在发酵工艺学中，响应面设计主要有中心组合设计（central composite design，CCD）和 BBD 设计（Box-Behnken design）两种，一般认为 BBD 设计在发酵工艺参数优化时应用更多，分析也较为简便，尤其适合初学者。

（1）辅助进行响应面设计的软件主要有 SAS、Minitab 和 Design Expert 等，其中以 Design Expert 最易入手，掌握响应面实验实施过程也较为简单。

（2）通过 Plackett-Burman 实验或单因素实验、正交实验等确定试验因素及水平数；通过软件如 Design Expert 列出实验方案。

（3）按实验方案实施实验，获得实验结果。

（4）用 Design Expert 进行分析，获得模型方程、最优或较优因素水平组合，输出相关结果。

本实验以上述"正交实验"种子培养基为实验材料，原则上响应面应设计 3 或 4 组平行重复对照，考虑到课时及实验成本，建议可分两大组分别进行实验，对比两组间优化结果即可。

（三）器具材料

药品及试剂：解淀粉芽孢杆菌斜面，纤维蛋白酶原，尿激酶（注射用），蒸馏水等。

发酵培养基：牛肉粉、玉米淀粉、NaCl（0.5%）。

仪器及其他药品：pH 计，分析天平，恒温培养摇床，超净工作台，电热恒温培养箱，高压蒸汽灭菌锅，接种工具，移液器，锥形瓶（50 mL）等。

（四）操作步骤

1）实验准备　实验前两天，各组同学应预先学习 Design Expert 的使用，提交实验方案，主要是 BBD 设计表，考虑的因素与水平依据已做完的单因素实验及正交实验进行选取与设计。

实验前一天，指导教师要根据实验方案，进行器皿耗材的准备，并进行种子培养。

2）发酵培养基的配制

（1）实验可以用 Design Expert 8.0 软件工具（教师演示）进行 BBD 设计，依据"正交实验"，可进行 3 因素 3 水平的中心组合设计，X_1 取值为 2.5、3.0、3.5，X_2 取值为 2.5、3.0、3.5，X_3 取值为 7.0、7.5、8.0。编码水平"-1""0""1"则分别代表 3 因素的低水平、中水平及高水平。具体方案如表 5-6 所示。

表 5-6　BBD 设计实验方案

编号	X_1：玉米淀粉 /%	X_2：牛肉粉 /%	X_3：初始 pH	Y：酶活力 /（U/mL）
1	1	0	1	
2	0	0	0	
3	0	1	-1	
4	0	0	0	
5	1	-1	0	
6	-1	-1	0	
7	0	0	0	
8	-1	1	0	
9	0	1	1	
10	-1	0	1	
11	0	0	0	
12	0	-1	-1	
13	0	0	0	

续表

编号	X_1: 玉米淀粉 /%	X_2: 牛肉粉 /%	X_3: 初始 pH	Y: 酶活力 /（U/mL）
14	1	0	−1	
15	1	1	0	
16	0	−1	1	
17	−1	0	−1	

（2）根据选用的设计培养基配方配制培养基（如标记 1 的实验瓶可以添加3.5% 的玉米淀粉、3.0% 牛肉粉，pH 为 8.0），按组做好标记并进行高压蒸汽灭菌，121℃、20 min。

3）接种发酵和测定　　将已经预先活化培养的种子液按 1% 进行接种后于"正交实验"相同条件下进行发酵，发酵结束后利用纤维蛋白平板对各样品进行酶活力的测定。

4）数据整理与分析　　将实验所得纤溶酶酶活力数据记录于表 5-6 中，用Design Expert 软件对数据进行整理、分析并分别作 3 因素响应曲面图（图 5-2）：①建立回归模型与方差分析；②响应曲面分析，确定最优配方。

5）预测值验证　　按响应面分析得到的最佳发酵条件进行摇瓶发酵（其余条件保持不变），做 3 个平行对照组，37℃发酵 72 h 后进行酶活力测定，并与预期预测值进行比较。

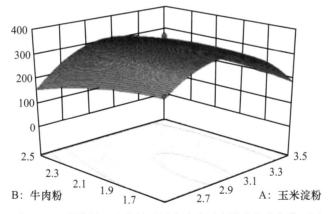

图 5-2　玉米淀粉、牛肉粉对纤溶酶酶活力影响的响应曲面图

（五）注意事项

（1）接种过程中先将菌种尽量摇匀，每组的接种量应尽量保持一致，有条件的实验室，较多样品酶活力的测定可在适当稀释后，借助酶标仪进行测定。

（2）实验前，学生应提前在课余时间复习相应的统计学知识并充分熟悉

Design Expert 的规范操作知识以便于实验的进行。

（六）思考题

（1）响应面设计的最大优势是什么？

（2）若响应面设计得到的理论最优发酵结果与验证试验值存在一定差异，分析其中可能的原因。

（3）单因素设计、正交设计和响应面设计有何异同？它们 3 种在数据处理结果的方法上又有何异同？

主要参考文献

陈必链，王明兹．2012.微生物工程实验．北京：科学出版社．

陈坚，堵国成，张东旭．2009.发酵工程实验技术．2版．北京：化学工业出版社．

陈长华．2009.发酵工程实验．北京：高等教育出版社．

韩德权，王莘．2013.微生物发酵工艺学原理．北京：化学工业出版社．

贾士儒，宋存江．2016.发酵工程实验教程．北京：高等教育出版社．

姜伟，曹云鹤．2014.发酵工程实验教程．北京：科学出版社．

李瑾．2013.抗生素高产炭样小单孢菌的育种研究．南昌：江西师范大学硕士学位论文．

李平兰，贺稚非．2011.食品微生物学实验原理与技术．2版．北京：中国农业出版社．

李玉林，任平国．2009.生物技术综合实验．北京：化学工业出版社．

刘平怀．2012.生物工艺实验．南京：南京大学出版社．

刘素纯，吕嘉枥，蒋立文．2013.食品微生物学实验．北京：化学工业出版社．

邱业先．2014.生物技术、生物工程综合实验指南．北京：化学工业出版社．

裘梁，杨萍，董德刚，等．2013.重组烟曲霉壳聚糖酶在毕赤酵母中高密度发酵表达及性
    质研究．江西师范大学学报（自然版），37(6)：607-610.

洒荣波，石贵阳，唐瑜菁．2010.不同补料发酵方式对重组毕赤酵母高密度培养的影响．
    食品工业科技，31(11)：210-212.

陶银英．2006.多粘菌素E产生菌高通量诱变育种的研究．杭州：浙江大学硕士学位论文．

汪文俊，熊海容．2012.生物工程专业实验教程．武汉：华中科技大学出版社．

吴根福．2013.发酵工程实验指导．2版．北京：高等教育出版社．

夏敬林．2012.谷氨酸生产菌的原生质体诱变育种．发酵科技通讯，41(1)：1-2.

徐小静，张少斌，王俊丽．2006.生物技术原理与实验．北京：中央民族大学出版社．

杨林，王筱兰，杨慧林，等．2015.1株传统曲霉型豆豉中高活力蛋白酶产生菌的分离及
    其鉴定．江西师范大学学报（自然版），39(5)：497-501.

杨林，谢雅雯，魏文苹，等．2016.响应面法优化解淀粉芽孢杆菌发酵产豆豉纤溶酶的工
    艺条件．基因组学与应用生物学，35(8)：2092-2099.

杨洋．2013.生物工程技术与综合实验．北京：北京大学出版社．

勇强．2015.生物工程实验（双语版）．北京：科学出版社．

张祥胜．2014.发酵工程实验简明教程．南京：南京大学出版社．

诸葛斌，诸葛健．2011.现代发酵微生物实验技术．2版．北京：化学工业出版社．

附录 I　缩略词表

ABTS: 2,2′ -azino-bis-3-ethylbenzothiazoline-6-sulphonic acid　2,2-联氮- 二（3-乙基苯并噻唑 -6- 磺酸）二铵盐

AOX: alcohol oxidase　醇氧化酶

Bt: *Bacillus thuringiensis*　苏云金芽孢杆菌

BBD: George E. P. Box and Donald Behnken design，Box-Behnken design 博克斯和本肯设计法（响应面设计法的一种）

BMGY: buffered minimal glycerol-complex medium　缓冲型最小甘油复合培养基

BSL: biosafety level　生物安全防护水平

CM: complete medium　完全培养基

DO: dissolved oxygen　溶解氧量

DMSO: dimethyl sulfoxide　二甲基亚砜

DNS: 3,5-dinitrosalicylic acid　3,5- 二硝基水杨酸

EDTA: ethylene diamine tetraacetic acid　乙二胺四乙酸

EMP: Embden-Meyerhof-Parnas pathway　糖酵解

HVA: humic acid-vitamin agar medium　腐殖酸和维生素琼脂培养基

MM: minimal medium　基本培养基

MH: Mueller Hinton medium　酪蛋白琼脂培养基

NTG: N-methyl-N'-nitro-N-nitrosoguanidine，nitrosoguanidine　亚硝基胍

NB: nutrient broth medium　营养肉汤培养基

OD: optical density 光密度

PEG: polyethylene glycol　聚乙二醇

SMR: supplement medium of regenerative 再生补充基本固体培养基

YNB: yeast nitrogen base without amino acids medium　无氨基氮源基础培养基

YPD: yeast extract peptone dextrose medium　酵母浸出粉胨葡萄糖培养基

附录 II　常用培养基的配制

1. 营养琼脂培养基

成分：蛋白胨 10 g，牛肉膏 3 g，NaCl 5 g，琼脂 20 g，蒸馏水 1000 mL，pH 7.2。

制法：将除琼脂外的各成分溶解于蒸馏水中，校正 pH，加入琼脂，分装于

锥形瓶内，121℃、15 min 高压蒸汽灭菌备用。

注：其他成分不变，当琼脂加量为 3.5～4 g 时为半固体营养琼脂。

2. 马铃薯葡萄糖琼脂（PDA）培养基

成分：马铃薯（去皮）200 g，葡萄糖（或蔗糖）20 g，琼脂 20 g，蒸馏水 1000 mL，pH 自然。

制法：将马铃薯去皮、洗净、切成小块，称取 200 g 加入 1000 mL 蒸馏水，煮沸 20 min，用纱布过滤，滤液补足水至 1000 mL，再加入葡萄糖和琼脂，熔化后分装，121℃灭菌 20 min。另外，用少量乙醇溶解 0.1 g 氯霉素，加入 1000 mL 培养基中，分装灭菌后即可使用。

3. 蛋白胨水培养基

成分：蛋白胨 1 g，NaCl 0.5 g，蒸馏水加至 100 mL，pH 调至 7.0。

制法：把以上各物称好溶于水，调节 pH，分装消毒备用。

4. 豆芽汁葡萄糖培养基

成分：黄豆芽 10 g，葡萄糖 5 g，琼脂 1.5～2 g，蒸馏水 100 mL，pH 自然。

制法：称新鲜黄豆芽 10 g，置于烧杯中，再加入 100 mL 水，小火煮沸 30 min，用纱布过滤，补足失水，即制成 10% 豆芽汁。配制时，按每 100 mL 10% 豆芽汁加入 5 g 葡萄糖，煮沸后加入 2 g 琼脂，继续加热熔化，补足失水。分装后 121℃灭菌 20 min。

5. 高氏 1 号（淀粉琼脂）培养基（主要用于放线菌、霉菌培养）

成分：可溶性淀粉 20 g，KNO_3 1 g，NaCl 0.5 g，K_2HPO_4 0.5 g，$MgSO_4 \cdot 7H_2O$ 0.5 g，$FeSO_4 \cdot 7H_2O$ 0.01 g，琼脂 20 g，蒸馏水 1000 mL，pH 7.2～7.4，121℃灭菌 20 min。

6. 麦芽汁琼脂培养基

成分：优质大麦或小麦，蒸馏水，碘液。

制法：取优质大麦或小麦若干，浸泡 6～12 h，置于深约 2 cm 的木盘上推平，上盖布每日早、中、晚各淋水一次，待麦根伸长至麦粒两倍时，停止发芽，晾干或烘干，称取 300 g 麦芽磨碎，加 1000 mL 蒸馏水，38℃保温 2 h，再升温至 45℃，30 min，再提高到 50℃，30 min 后再升至 60℃，糖化 1～1.5 h。

取糖化液少许，加碘液 1～2 滴，如不为蓝色，说明糖化完毕，用文火煮 30 min，4 层纱布过滤。如滤液不清，可用一个鸡蛋清加水约 20 mL 调匀，打至起沫，倒入糖化液中搅拌煮沸再过滤，即可得澄清麦芽汁。用波美计检测糖化液浓度，加水稀释至 10 倍，调 pH 5～6，可用于酵母菌培养；稀释至 5～6 倍，调 pH 7.2，可用于培养细菌，121℃灭菌 20 min。

7. 麦氏培养基（乙酸钠琼脂培养基）

成分：葡萄糖 1.0 g，KCl 1.8 g，酵母汁 2.5 g，乙酸钠 8.2 g，琼脂 15 g，蒸馏水 1000 mL，pH 自然，6.7×10^4 Pa（0.7 kgf/cm^2）灭菌 30 min。

8. 吲哚实验培养基

成分：1% 胰蛋白胨，调 pH 7.2～7.6，分装 1/4～1/3 试管，115℃灭菌 30 min。

9. 硝酸盐培养基（硝酸盐还原实验用）

成分：蛋白胨 5.0 g，KNO$_3$ 0.2 g，蒸馏水 1000 mL，pH 7.4，每管分装 4～5 mL，121℃灭菌 15～20 min。

10. 尿素培养基（尿酶实验）

成分：蛋白胨 1.0 g，葡萄糖 1.0 g，NaCl 5.0 g，KH$_2$PO$_4$ 2.0 g，0.4% 酚红 3.0 mL，琼脂 20.0 g，20% 尿素 100.0 mL，pH 7.1～7.4。

制法：将除尿素和琼脂以外的成分配好，并校正 pH，加入琼脂，加热熔化并分装于锥形瓶，121℃灭菌 15 min，冷却至 50～55℃，加入过滤除菌的尿素溶液，分装于灭菌试管内摆成琼脂斜面备用。

11. 苯丙氨酸培养基

成分：酵母浸膏 3 g，D-苯丙氨酸 2 g，NaH$_2$PO$_4$ 1 g，NaCl 5 g，琼脂 12 g，蒸馏水 1000 mL。

制法：加热溶解后分装试管，121℃高压灭菌 15 min，使成斜面。

12. 氨基酸基础培养基（以 L-赖氨酸脱羧酶培养基为例）

成分：酵母浸膏 3.0 g，蛋白胨 5.0 g，葡萄糖 1.0 g，L-氨酸盐酸盐 5.0 g，溴甲紫 15 g，蒸馏水 1000 mL。

制法：将各成分加热溶解，必要时调节 pH，使之在灭菌后 25℃，pH 为 6.8±0.2，每管分装 5 mL，121℃灭菌 15 min。

备用实验方法：挑取接种物接种于 L-赖氨酸脱羧酶培养基，刚好在液体培养基的液面下，（30±1）℃，培养（24±2）h，观察结果。L-赖氨酸脱羧酶试验阳性者，培养基呈紫色，阴性者为黄色。

注：L-鸟氨酸脱羧酶培养基、L-精氨酸双水解酶培养基、L-赖氨酸脱羧酶培养基同试验用培养基的配制方法及使用方法，加入 30 g NaOH 成为 3% 氯化钠赖氨酸脱羧酶试验培养基。

13. CM 液体培养基（完全培养基）

成分：KNO$_3$ 3 g，KH$_2$PO$_4$ 1 g，MgSO$_4$·7H$_2$O 0.5 g，蛋白胨 10 g，酵母粉 5 g，葡萄糖 20 g，蒸馏水 1000 mL，pH 6.5～6.8，1.03 MPa 灭菌 20 min。

配制固体完全培养基时在液体培养基的基础上加入 2% 琼脂。

14. HMM［（高 MM）培养基］

成分：KNO$_3$ 3 g，K$_2$HPO$_4$ 1 g，MgSO$_4$·7H$_2$O 5 g，微量元素液 2 mL，葡萄糖 20 g，蔗糖 0.6 mol/L，1.6%～1.8% 琼脂粉，蒸馏水 1000 mL，pH 6.5～6.8，121℃灭菌 20 min。

15. 营养肉汤（NB）培养基

成分：蛋白胨 10 g，牛肉膏 3 g，NaCl 5 g，蒸馏水 1000 mL，pH 7.4。

制法：按上述成分混合，溶解后校正 pH，121℃高压灭菌 15 min。
固体培养基即在 1000 mL 营养肉汤培养基中加入 15～20 g 琼脂制成。

16. 乳酸细菌（MRS）培养基

成分：蛋白胨 10 g，牛肉膏 10 g，酵母粉 5 g，K_2HPO_4 2 g，柠檬酸二铵 2 g，乙酸钠 5 g，葡萄糖 20 g，吐温-80 1 mL，$MgSO_4 \cdot 7H_2O$ 0.58 g，$MnSO_4 \cdot 4H_2O$ 0.25 g，琼脂 15～20 g，蒸馏水 1000 mL。

制法：将以上成分加入蒸馏水中，加热使完全溶解，调 pH 至 6.2～6.4，分装于锥形瓶中，121℃灭菌 15 min。

注：将 MRS 培养基用酸调节 pH 至 5.4，则可制成酸化 MRS。

17. 脱脂乳培养基

成分：牛乳，蒸馏水。

制法：将适量的牛乳加热煮沸 20～30 min，过夜冷却，脂肪即可上浮。除去上层乳脂即得脱脂乳，将脱脂乳盛在试管及锥形瓶中，封口后置于火菌锅中在108℃条件下蒸汽灭菌 10～15 min，即得脱脂乳培养基。

18. 细菌通用培养基 A

成分：蛋白胨 10.0 g，酵母提取物 1.0 g，葡萄糖 10.0 g，NaCl 5.0 g，琼脂 15.0 g，蒸馏水 1000 mL。

制法：将以上成分加入蒸馏水中，加热使完全溶解，调 pH 至 7.0～7.2，分装于锥形瓶中，121℃灭菌 15 min。

19. PTYG培养基

成分：胰蛋白胨 5 g，大豆蛋白胨 5 g，酵母粉 10 g，葡萄糖 10 g，吐温 -80 1 mL，琼脂 15～20 g，L- 半胱氨酸盐酸盐 0.05 g，盐溶液 4 mL。

盐溶液制备：无水 $CaCl_2$ 0.2 g，K_2HPO_4 1.0 g，KH_2PO_4 0.48 g，$MgSO_4 \cdot 7H_2O$ 0.48 g，Na_2CO_3 10 g，NaCl 2 g，蒸馏水 1000 mL，溶解后备用。

制法：将以上成分加入蒸馏水中，加热使完全溶解，调 pH 至 6.8～7.0，分装后于 115℃灭菌 30 min。

20. 豆芽汁液体培养基

成分：豆芽汁 10 mL，$(NH_4)_2HPO_4$ 1 g，KCl 0.2 g，$MgSO_4 \cdot 7H_2O$ 0.2 g，琼脂 20 g。

豆芽汁制备：将豆芽或绿豆芽 200 g 洗净，在 1000 mL 水中煮沸 30 min，纱布过滤得豆芽汁，补足水分至 1000 mL。

制法：将以上成分加入蒸馏水中，加热使完全溶解，调 pH 至 6.2～6.4，分装于锥形瓶中，0.04% 的溴甲酚紫乙醇溶液作为指示剂（pH 5.2～6.8，颜色由黄变紫），115℃灭菌 20 min。

21. 察氏培养基

成分：$NaNO_3$ 2 g，K_2HPO_4 1 g，$MgSO_4 \cdot 7H_2O$ 0.5 g，KCl 0.5 g，$FeSO_4 \cdot 7H_2O$ 0.01 g，糖 30 g，琼脂 15～20 g，蒸馏水 100 mL，pH 自然。

制法：加热溶解，分装后 121℃灭菌 20 min。

22. 多价蛋白胨-酵母膏（PY）基础培养基

成分：蛋白胨 0.5 g，酵母提取物 1.0 g，胰酶解酪胨（trypticase）0.5g，盐溶液Ⅱ 4.0 mL，蒸馏水 1000 mL。

盐溶液Ⅱ成分：$CaCl_2$ 0.2 g，$MgSO_4 \cdot 7H_2O$ 0.48 g，K_2HPO_4 1.0 g，KH_2PO_4 1.0 g，$NaHCO_3$ 10.0 g，NaCl 2.0 g，蒸馏水 1000 mL。

制法：加热溶解，分装后 121℃灭菌 20 min。

23. 甘露醇琼脂培养基（MSA）

成分：牛肉浸膏 1 g，胨 No.3 10 g，D-甘露醇 10 g，NaCl 75 g，琼脂 13 g，酚红 0.025 g，蒸馏水 1000 mL，pH 7.2～7.6。

制法：按量将各成分（酚红除外）混合，加热使完全溶解，调 pH 至 7.4±0.2。加 1% 的酚红溶液 2.5 mL，混匀，121℃高压蒸汽灭菌 15 min。

24. 淀粉铵盐培养基（主要用于霉菌、放线菌培养）

成分：可溶性淀粉 10 g，$(NH_4)_2SO_4$ 2 g，K_2HPO_4 1 g，$MgSO_4 \cdot 7H_2O$ 1 g，NaCl 1 g，$CaCO_3$ 3 g，蒸馏水 1000 mL，pH 7.2～7.4，121℃灭菌 20 min。若加入 15～20 g 琼脂，即成固体培养基。

25. 高盐察氏培养基（用于霉菌和酵母菌计数，分离用）

成分：$NaNO_3$ 2 g，KH_2PO_4 1 g，$MgSO_4 \cdot 7H_2O$ 0.5 g，KCl 0.5g，$FeSO_4 \cdot 7H_2O$ 0.01 g，NaCl 60 g，蔗糖 30 g，琼脂 20 g，蒸馏水 1000 mL，115℃灭菌 30 min。

注：① 分离食品和饮料中的霉菌和酵母可用马铃薯葡萄糖琼脂培养基或孟加拉红培养基；② 分离粮食中的霉菌可用高盐察氏培养基。

26. 糖、醇类发酵基础培养基

（1）一般细菌常用休和利夫森二氏培养基：蛋白胨 5 g，NaCl 5 g，K_2HPO_4 0.2 g，糖或醇（葡萄糖或其他糖、醇）10 g，琼脂 5～6 g，1% 溴甲酚紫（溴百里香草酚蓝）3 mL，蒸馏水 1000 mL，pH 7.0～7.2，分装试管，培养基高度约 4.5 cm，115℃灭菌 20 min。

（2）芽孢菌培养基：$(NH_4)_2HPO_4$ 1.0 g，KCl 0.2 g，$MgSO_4 \cdot 7H_2O$ 0.2 g，酵母膏 0.2 g，琼脂 5～6 g，糖或醇类 10.0 g，蒸馏水 100 mL，溴甲酚紫（0.04%）15 mL，pH 7.0～7.2，分装试管，培养基高度 4～5 cm，112℃灭菌 30 min。

（3）乳酸菌培养基：蛋白胨 5 g，牛肉膏 5 g，酵母膏 5 g，吐温-80 0.5 mL，糖或醇 10 g，琼脂 5～6 g，蒸馏水（自来水）1000 mL，加入 1.6% 溴甲酚紫溶液 1.4 mL，调 pH 6.8～7.0，分装试管，112℃灭菌 30 min。

27. 氮源利用基础培养基

成分：K_2HPO_4 36 g，NaH_2PO_4 2.13 g，$MgSO_4 \cdot 7H_2O$ 0.2 g，$FeSO_4 \cdot 7H_2O$ 0.2 g，$CaCl_2$ 0.5 g，葡萄糖 10.0 g，蒸馏水 1000 mL。

制法：将需要测定的氨基酸、氨态氮（如酸氢二铵）、硝态氮（如 KNO_3）加入上述基础培养基中，使其终浓度为 0.05%～0.1%，如测定菌不能利用糖为碳源，可用其他碳源代替（终浓度为 0.2%～0.5%），另做一份不加氮源的空白对照，调 pH 7.0～7.2，分装于试管，每管 4～5 mL，112℃灭菌 20～30 min，制备出的培养基要求无沉淀。

28. 甲基红培养基（MR 及 VP 实验用）

成分：蛋白胨 7.0 g，葡萄糖 5.0 g，NaCl 5 g，蒸馏水 100 mL，pH 7.0～7.2，每管分装 4～5 mL，115℃灭菌 30 min。

29. 半固体培养基（用于细菌的动力实验）

成分：牛肉膏 5.0 g，蛋白胨 10.0 g，琼脂 3～5 g，蒸馏水 1000 mL，pH 7.2～7.4，熔化后分装试管（8 mL），121℃灭菌 15 min，取出直立试管待凝固。

30. 蛋白胨水、靛基质试剂

（1）蛋白胨水：蛋白胨 20.0 g，NaCl 5.0 g，蒸馏水 100 mL，pH 7.4，121℃灭菌 15 min。

（2）靛基质试剂：①柯凡克试剂。将 5 g 对二甲氨基苯甲醛溶解于 75 mL 戊醇内，然后缓慢加入浓盐酸 25 mL。②欧-波试剂。将 1 g 对二甲氨基苯甲醛溶解于 95 mL 95% 乙醇溶液内，然后缓慢加入浓盐酸 20 mL。

（3）试验方法：挑取小量培养物接种，在（36±1）℃培养 1～2 d，必要时可培养 4～5 d。加入柯凡克试剂 0.5 mL，轻摇试管，阳性者于试剂层呈深红色；或加入欧-波试剂 0.5 mL，沿管壁流下，覆盖于培养液表面，阳性者于液面接触处呈玫瑰红色。

注：蛋白胨中应含有丰富的色氨酸，每批蛋白胨买来后，应先用已知菌种鉴定后方可使用。

31. 糖类发酵培养基

（1）基础培养基。

成分：酪蛋白（酶消化）10 g，NaCl 5 g，酚红 0.02 g，蒸馏水 1000 mL。

制法：将各成分加热溶解，必要时调节 pH，使之在灭菌后 25℃ 时 pH 为 6.8，每管分装 5 mL，121℃灭菌 15 min 备用。

（2）糖类溶液：D-山梨醇、L-鼠李糖、D-蔗糖、D-蜜二糖、苦杏仁。

成分：糖 8 g，蒸馏水 100mL。

制法：分别称取 D-山梨醇、L-鼠李糖、D-蔗糖、D-蜜二糖、苦杏仁苷等糖类成分各 8 g，溶于 1000 mL 的蒸馏水中，过滤除菌，制成 80 mg/mL 的糖类溶液。

（3）完全培养基。

成分：基础培养基 875 mL，糖类溶液 125 mL。

制法：无菌操作，将每种糖类溶液加入基础培养基，混匀，分装到试管中，每管 10 mL。

试验方法：挑取培养物接种于各类糖类发酵培养基，刚好在液体培养基的液面下，（30±1）℃培养（24±2）h，观察结果。糖类发酵试验阳性者，培养基呈黄色，阴性者为红色。

32. 葡萄糖氧化发酵培养基

成分：蛋白胨 2 g，NaCl 5 g，1% 溴百里酚蓝溶液 3 mL，琼脂 5～6 g，K_2HPO_4 0.2 g，葡萄糖 1%，蒸馏水 1000 mL。

制法：除溴百里酚蓝外，溶解以上各成分，调节 pH 为 6.8～7.0，分装试管，用 115℃灭菌 20 min 备用。

33. 假单胞菌选择培养基（PSA）

基础成分：多价胨 16 g，水解酪蛋白 10 g，K_2SO_4 10 g，$MgCl_2$ 1.4 g，琼脂 11 g，甘油 10 mL，蒸馏水 1000 mL，pH 7.1±0.2。

CFC 选择添加物：溴化十六烷基三甲胺 10 mg/L，梭链孢酸钠 10 mg/L，头孢菌素 50 mg/L。

制法：先将基础成分加热煮沸使之完全溶解，121℃灭菌 15 min，冷却到 50℃备用。当基础成分冷却到 50℃后，加入溶解后过滤除菌的 CFC 选择添加物，完全混合后倒平板备用。

34. 乳糖胆盐发酵培养基

成分：蛋白胨 20 g，猪胆盐（或牛、羊胆盐）5 g，乳糖 10 g，0.04% 溴甲酚紫溶液 25 mL，蒸馏水 1000 mL，pH 7.4。

制法：将蛋白胨、胆盐及乳糖溶于水中，校正 pH，加入指示剂，分装每管 10 mL，并放入一个小倒管，115℃高压蒸汽灭菌 15 min。

注：双料乳糖胆盐培养基除蒸馏水外，其他成分加倍。

35. 伊红亚甲蓝琼脂培养基（EMB）

成分：蛋白胨 10 g，乳糖 10 g，K_2HPO_4 2 g，琼脂 17 g，2% 伊红 Y 溶液 20 mL，0.65% 亚甲蓝溶液 10 mL，蒸馏水 1000 mL，pH 7.1。

制法：将蛋白胨、K_2HPO_4 和琼脂溶解于蒸馏水中，校正 pH，分装于烧瓶内 121℃高压蒸汽灭菌 15 min，备用。临用时，加入乳糖，并加热熔化琼脂，冷至 50～55℃，加入伊红和亚甲蓝溶液，摇匀，倾注平板。

36. 5% 乳糖发酵培养基

成分：蛋白胨 0.2 g，NaCl 0.5 g，乳糖 5 g，2% 溴香草酚蓝溶液 1.2 mL，水 100 mL，pH 7.4。

制法：除乳糖以外的各成分溶解于 50 mL 蒸馏水内，校正 pH，将乳糖溶解于另外 50 mL 蒸馏水内，121℃分别灭菌 15 min，将两液混合，以无菌操作分装于灭菌小试管内。

注：在此培养基内，可以使大部分乳糖迟缓发酵的细菌于 1d 内发酵。

37. 胰蛋白胨大豆肉汤

成分：胰蛋白胨 17 g，植物蛋白胨（或大豆蛋白胨）3 g，NaCl 5 g，K_2HPO_4

2.5 g，葡萄糖 2.5 g，蒸馏水 1000 mL。

制法：将上述成分混合，加热并轻轻搅拌溶液，调 pH 至 7.2～7.4，分装后 121℃高压蒸汽灭菌 15 min，最终 pH 7.3±0.2。

注：加 6 g 酵母膏即为含 0.6% 酵母浸膏的胰蛋白胨大豆肉汤，再加 15 g 琼脂即制成含 0.6% 酵母浸膏的胰蛋白胨大豆琼脂。

38. 7.5% 氯化钠肉汤

成分：蛋白胨 10 g，牛肉膏 3 g，NaCl 75 g，蒸馏水 1000 mL，pH 7.4。

制法：将上述成分加热溶解，校正 pH，分装试管，121℃高压蒸汽灭菌 15 min。

39. 血琼脂平板

成分：豆粉琼脂 100 mL，脱纤维羊血（或兔血）5～10 mL。

制法：加热熔化琼脂，冷至 50℃，以无菌操作加入脱纤维羊血（或兔血），摇匀，倾注平板，或分装灭菌试管，摆成斜面。

40. 氰化钾（KCN）培养基

成分：蛋白胨 10 g，NaCl 5 g，KH_2PO_4 0.225 g，Na_2HPO_4 5.64 g，蒸馏水 1000 mL，0.5% KCN 溶液 20 mL，pH 7.6。

制法：将除 KCN 以外的成分配好后分装烧瓶，121℃高压蒸汽灭菌 15 min，放在冰箱内使其充分冷却，每 100 mL 培养基加入 0.5% KCN 溶液 2.0 mL（最后浓度为 1∶10 000），分装于 12 mm×100 mm 灭菌试管，每管约 4 mL，立刻用灭菌橡皮塞塞紧，放在 1℃冰箱内，至少可保存两个月。同时，将不加 KCN 的培养基作为对照培养基，分装试管备用。

41. 丙二酸钠培养基

成分：酵母浸膏 1 g，$(NH_4)_2SO_4$ 2 g，K_2HPO_4 0.6 g，KH_2PO_4 0.4 g，NaCl 2 g，丙二酸钠 3 g，0.2% 溴麝香草酚蓝溶液 12 mL，蒸馏水 100 mL，pH 6.8。

制法：先将酵母浸膏和盐类溶解于水，校正 pH 后再加入指示剂，分装试管，121℃高压蒸汽灭菌 15 min。

42. 葡萄糖铵培养基

成分：NaCl 5 g，$MgSO_4 \cdot 7H_2O$ 0.2 g，$NH_4H_2PO_4$ 1 g，K_2HPO_4 1 g，葡萄糖 2 g，琼脂 20 g，蒸馏水 1000 mL，0.2% 溴麝香草酚蓝溶液 40 mL，pH 6.8。

制法：先将盐类和糖溶解于水，校正 pH，再加琼脂加热熔化，然后加入指示剂，混合。

43. 甘氨酸培养基

成分：布氏肉汤 1000 mL，琼脂粉 1.6 g，甘氨酸 10 g。

制法：将以上成分混合，加热溶解，校正 pH 7.0，分装试管，每管 4 mL，121℃高压灭菌 15 min，备用。

44. 平板计数培养基

成分：胰蛋白胨 5.0 g，酵母浸粉 2.5 g，葡萄糖 1.0 g，琼脂 15.0 g，蒸馏水

1000 mL，pH 7.0±0.2。

制法：将上述成分加于蒸馏水中，煮沸溶解，调节 pH。分装试管或锥形瓶，121℃高压蒸汽灭菌 15 min。

45. LB 液体培养基

成分：胰蛋白胨（细菌培养用）10 g，酵母提取物（细菌培养用）5 g，NaCl 10 g，琼脂 15～18 g，加双蒸水至 1000 mL，pH 7.0。

制法：将各成分溶于 1000 mL 双蒸水中，用 1 mol/L NaOH 溶液（约 1 mL）调节 pH 至 7.0，0.1 MPa 灭菌 20 min。必要时也可在培养基加入 0.1% 葡萄糖。半固体培养基加入 0.4%～0.5% 琼脂。

46. 葡萄糖肉汤培养基

成分：蛋白胨 5 g，葡萄糖 5 g，酵母浸膏 1 g，牛肉浸膏 5 g，可溶性淀粉 1 g，黄豆浸出液 50 mL，水 1000 mL，0.4% 溴甲酚紫 4 mL，pH 7.0～7.2，115℃高压蒸汽灭菌 15 min。

注：加入琼脂 18～20 g，即成固体培养基。

47. 芽孢培养基

成分：牛肉膏 10 g，蛋白胨 10 g，NaCl 5 g，K_2HPO_4 3 g（或 $K_2HPO_4 \cdot 3H_2O$ 3.9 g），$MnSO_4$ 0.03 g，琼脂 25 g，pH 7.2，121℃高压蒸汽灭菌 15 min。

48. 合成培养基

成分：$(NH_4)_3PO_4$ 1 g，KCl 0.2 g，$MgSO_4 \cdot 7H_2O$ 0.2 g，豆芽汁 10 mL，琼脂 20 g，蒸馏水 1000 mL，pH 7.0，加 12 mL 0.04% 的溴甲酚紫（pH 5.2～6.8，颜色由黄变紫，作指示剂），121℃高压蒸汽灭菌 20 min。

49. 改良血琼脂培养基

成分：蛋白胨 1.0 g，牛肉膏 0.3 g，NaCl 0.5 g，琼脂 1.5 g，蒸馏水 100 mL，脱纤维羊血 5～10 mL。

制法：除新鲜脱纤维羊血外，加热熔化上述组分，121℃高压蒸汽灭菌 15 min，冷却至 50℃，以无菌操作加入新鲜脱纤维羊血，摇匀，倒平板。

50. 糖发酵管

成分：牛肉膏 5.0 g，蛋白胨 10.0 g，NaCl 3.0 g，$NaH_2PO_4 \cdot 12H_2O$ 2.0 g，0.2% 溴甲酚紫溶液 12.0 mL，蒸馏水 1000 mL。

制法：①葡萄糖发酵管按上述成分配好后，校正 pH 至 7.4±0.1，按 0.5% 加入葡萄糖，分装于有一个倒置小管的小试管内，121℃高压蒸汽灭菌 15 min。②其他各种糖发酵管可按上述成分配好后，分装每瓶 100 mL，121℃高压蒸汽灭菌 15 min。另将各种糖类分别配好 10% 溶液，同时高压蒸汽灭菌。将 5 mL 糖溶液加入 100 mL 培养基内，以无菌操作分装小试管。

注：蔗糖不纯，加热后会自行水解者，应采用过滤法除菌。

51. 葡萄糖半固体发酵管

成分：蛋白胨 1 g，牛肉膏 0.3 g，NaCl 0.5 g，1.6% 溴甲酚紫 0.1 mL，葡萄糖 1 g，琼脂 0.3 g，蒸馏水 100 mL，pH 7.4。

制法：将蛋白胨、牛肉膏和 NaCl 加入水中，校正 pH 后加入琼脂加热熔化，再加入指示剂和葡萄糖，分装小试管，121℃灭菌 15 min。

52. 缓冲葡萄糖蛋白胨水

成分：K_2HPO_4 5 g，多胨 7 g，葡萄糖 5g，蒸馏水 1000 mL，pH 7.0。

制法：溶化后校正 pH，分装试管，每管 1 mL，121℃高压蒸汽灭菌 15 min。

甲基红实验：自琼脂斜面挑取少量培养物接种本培养基中，于（36±1）℃培养 2～5 d，哈夫尼亚菌则应在 22～25℃培养。滴加甲基红试剂 1 滴，立即观察结果，鲜红色为阳性，黄色为阴性。

甲基红试剂配法：10 mg 甲基红溶于 30 mL 95% 乙醇溶液中，然后加入 20 mL 蒸馏水。

VP 实验：用琼脂培养物接种本培养基中，于（36±1）℃培养 2～4 d。哈夫尼亚菌则应在 22～25℃培养。加入 6% α-萘酚乙醇溶液 0.5 mL 和 40% KOH 溶液 0.2 mL，充分振摇试管，观察结果。阳性反应将立刻或于数分钟内出现红色，如为阴性，应在（36±1）℃培养 4 h 再进行观察。

注：加 30.0g NaCl 可制成含 3% NaCl 的 MR-VP 培养基。

53. 3% NaCl 碱性蛋白胨水（APW）

成分：蛋白胨 10 g，NaCl 30 g，蒸馏水 1000 mL，pH 8.5±0.2。

制法：将上述成分混合，121℃高压蒸汽灭菌。

54. 石蕊牛乳培养基（用于石蕊牛乳实验）

成分：脱脂牛乳 100 mL，1%～2% 石蕊乙醇溶液或 2.5% 石蕊溶液，pH 7.0。

制法：新鲜牛乳 100 mL，除去乳脂；调 pH 7.0，用 1%～2% 石蕊乙醇溶液或 2.5% 石蕊溶液调牛乳至淡紫色偏蓝为止，0.075 MPa 高压蒸汽灭菌 20 min，如用鲜牛乳，可反复加热 3 次，每次加热 20～30 min，冷却后去除脂肪。最后一次冷却后，用吸管或虹吸法将底层乳吸出，弃去上层脂肪，即为脱脂牛乳，也可煮沸放置冰箱中过夜脱脂。

55. MC 培养基

成分：大豆蛋白胨 5 g，牛肉浸膏 5 g，酵母浸膏 5 g，葡萄糖 20 g，乳糖 20 g，$CaCO_3$ 10 g，琼脂 15 g，蒸馏水 1000 mL，1% 中性红溶液 5 mL，硫酸多黏菌素 B（可酌情而加）约 10 万 IU。

制法：将前 7 种成分加入蒸馏水中，加热溶解，校正 pH 至 6，加入中性红溶液。分装烧瓶，121℃高压蒸汽灭菌 15～20 min。临用时加热熔化琼脂，冷至 50℃，酌情加或不加硫酸，怀疑有杂菌污染时，可加硫酸多黏菌素 B，混匀后使用。

56. 0.1% 蛋白胨水

成分：蛋白胨 1.0 g，蒸馏水 1000 mL。

制法：溶解蛋白胨于蒸馏水中，将 pH 调至 7.0±0.2（25℃），121℃高压蒸汽灭菌 15 min。

57. 7% NaCl 肉汤

成分：蛋白胨 5 g，牛肉膏 3 g，NaCl 7 g，蒸馏水 100 mL。

制法：将各成分溶解于蒸馏水中，将 pH 调至 7.0，121℃高压蒸汽灭菌 15 min。

58. 布氏肉汤

成分：酪蛋白酶解物 10.0 g，动物组织酶解物 10.0 g，葡萄糖 1.0 g，酵母浸膏 2.0 g，NaCl 5.0 g，$NaHSO_3$ 0.1 g，蒸馏水 1000mL。

制法：将基础培养基成分溶解于蒸馏水中，如需要可加热促其溶解。将高压蒸汽灭菌后培养基的 pH 调至 7.0±0.2（25℃）。将培养基分装至合适的试管中，每管 10 mL，121℃高压蒸汽灭菌。

59. Mueller Hinton 培养基

（1）基础培养基。

成分：牛肉粉 6.0 g，酪蛋白酶解物 17.5 g，可溶性淀粉 1.5 g，琼脂 8.0~18.0 g，蒸馏水 1000 mL。

制法：将基础培养基成分溶解于水中，煮沸。分装于合适的锥形瓶中，121℃高压蒸汽灭菌 15min。

（2）完全培养基。

成分：基础培养基 1000 mL，无菌脱纤维绵羊血 50 mL。

制法：当基础培养基约为 45℃时，加入无菌绵羊血，混匀。根据需要，将完全培养基的 pH 调至 7.2±0.2（25℃）。倾注约 15 mL 于灭菌平板中，静置至培养基凝固。使用前需预先干燥平板。可将平板盖打开，使培养基面朝下，置于干燥箱中约 30 min，直到琼脂表面干燥。预先制备的平板未干燥时在室温放置不超过 4 h，或在 4℃左右冷藏不得超过 7 d。

60. 疱肉培养基

成分：牛肉浸液 1000 mL，蛋白胨 30 g，酵母浸膏 5 g，NaH_2PO_4 5 g，葡萄糖 3 g，可溶性淀粉 2 g，碎肉渣适量，pH 7.8。

制法：称取新鲜除脂肪和筋膜的牛肉 500 g，加蒸馏水 1000 mL 和 1 mol/L NaOH 溶液 25 mL，搅拌煮沸 15 min，充分冷却，除去表层脂肪，澄清，过滤，加蒸馏水补足至 1000 mL。加入除去碎肉渣的成分，校正 pH。

61. GN 增菌液

成分：胰蛋白胨 20 g，葡萄糖 1 g，甘露醇 2 g，柠檬酸钠 5 g，去氧胆酸钠 0.5 g，K_2HPO_4 4 g，KH_2PO_4 1.5 g，NaCl 5 g，蒸馏水 1000 mL，pH 7.0。

制法：上述成分加热溶解，校正 pH，每瓶分装 225 mL，115℃灭菌 15 min。

附录Ⅲ　常用试（指示）剂、染色液及缓冲液的配制

（一）常用试（指示）剂

1. 生理盐水

NaCl 8.5 g，蒸馏水 1000 mL。NaCl 溶解后，121℃高压蒸汽灭菌 15 min。

2. 甲基红（MR）试剂

甲基红 0.04 g，95% 乙醇溶液 60 mL，蒸馏水 40 mL。

甲基红先用 95% 乙醇溶液溶解，再加入蒸馏水，变色范围 pH 4.4～6.0。

3. 5% α-萘酚

α-萘酚 5 g 溶解于 100 mL 无水乙醇中，保存于棕色瓶。该试剂易氧化，只能随配随用。

4. 吲哚试剂

对二甲基氨基苯甲醛 2 g，95% 乙醇溶液 190 mL，浓盐酸 40 mL。

5. 硝酸盐还原试剂（格里斯试剂）

溶液 A：对氨基苯甲酸 0.5 g 溶解于 150 mL 30% 乙酸溶液，保存于棕色瓶中。

溶液 B：将 0.5 g α-萘胺溶解于 150 mL 30% 乙酸溶液，加蒸馏水 20 mL，保存于棕色瓶中。用时，A 液和 B 液等份混合，但此液不能较长时间保存。

6. 二苯胺试剂

称取二苯胺 1.0 g，溶于 20 mL 蒸馏水中，然后缓缓加入浓硫酸 100 mL，保存在棕色瓶中。盐酸二甲基对苯二胺试剂（测吲哚用）：二甲基对苯二胺 5 g，戊醇（或丁醇）75 mL，浓盐酸 25 mL。

7. 0.1% 酚红（中性红）溶液

0.1 g 酚红（中性红），1 mol/L NaOH 溶液 1 mL，再加入蒸馏水 99 mL。

8. 1.6% 溴甲酚紫（溴百里香草酚蓝）溶液

溴甲酚紫（溴百里香草酚蓝）1.6 g，溶于 50 mL 95% 乙醇溶液中，再加蒸馏水 50 mL，过滤后使用。

9. 2.5% 石蕊溶液

石蕊 2.5 g，溶于 100 mL 蒸馏水中，过滤后使用。

10. 碘液（淀粉糖化实验）

碘片 2 g，KI 4 g，蒸馏水 100 mL，配制方法同鲁格尔氏碘液。

11. 碘酊

KI 10 g，碘 10 g，70% 乙醇溶液 500 mL。

12. 醇醚混合液

乙醇：乙醚 =3：7（V/V）混合即可。

13. PBS 缓冲液

甲液：KH_2PO_4 34.0 g，蒸馏水 1000 mL。

乙液：K_2HPO_4 43.6 g，蒸馏水 1000 mL。

甲液 2 份和乙液 3 份混合即可。

14. 费林试剂

费林试剂 A：溶解 3.5 g 硫酸铜晶体（$CuSO_4 \cdot 5H_2O$）于 100 mL 水中，浑浊时过滤。

费林试剂 B：溶解酒石酸钾钠 17 g 于 15～20 mL 热水中，加入 20 mL 20% NaOH 溶液稀释至 100 mL。

此两种溶液要分别贮藏，使用时取等量试剂 A 和试剂 B 混合。

15. 0.1 mol/L 柠檬酸钠

柠檬酸钠 3.1 g，蒸馏水 100 mL，溶解后每管分装 10 mL，121℃高压蒸汽灭菌 15 min。

16. 1% L-胱氨酸-氢氧化钠溶液

L-胱氨酸 0.1 g，1 mol/L NaOH 溶液 1 mL，蒸馏水 8.5 mL。用 NaOH 溶液溶解 L-胱氨酸，再加入蒸馏水即可。

17. 3.5% 生理盐水

NaCl 3.5 g，蒸馏水 100 mL。

18. 头孢哌酮钠

称取头孢哌酮钠 0.5 g，用蒸馏水溶解后定容于 100 mL 容量瓶中。经 0.22 μm 滤膜过滤，该溶液于 4℃可保存 5 d。

19. 甲氧卞氨嘧啶乳酸液

称取三甲氧卞氨嘧啶乳酸盐 0.66 g，用蒸馏水溶解后定容于 100 mL 容量瓶中。经 0.22 μm 过滤，该溶液于 4℃可保存 1 年。

20. 万古霉素

称取万古霉素 0.5 g，用蒸馏水溶解后定容于 100 mL 容量瓶中。经 0.22 μm 滤膜过滤，该溶液于 4℃可保存 2 个月。

21. 放线菌酮

称取放线菌酮 1.25 g，用乙醇溶解后用蒸馏水定容于 100 mL 容量瓶中，该溶液于 4℃可保存 1 年。

22. TMP、抗生素混合液

先配成乳酸 TMP 溶液，以乳酸 62 mg（1～2 滴）混合于 100 mL 灭菌蒸馏水中，然后加入 TMP 溶液（TMP 浓度 1 mg/mL）即成。取乳酸 TMP 溶液 5 mL，再加入万古霉素（10 mg）及多黏菌素 B（2500 IU）摇匀后，即成 TMP、抗生素混合液。

23. 乙酰甲基甲醇试剂（VP 试剂）

5% α-萘酚乙醇溶液，40% KOH 溶液。

24. 0.5 mmol/L 组氨酸生物素溶液

D- 生物素（相对分子质量 244）30.5 mg，L- 组氨酸（相对分子质量 155)17.4 mg，加蒸馏水至 250 mL。

25. 10% S-9 混合液（10 mL）

成分：磷酸盐缓冲液（0.2 mol/L，pH 7.4）6.0 mL，KCl 溶液（1.65 mol/L，0.2 mL），$MgCl_2$ 溶液（0.4 mol/L，0.2 mL），葡萄糖 -6- 磷酸盐溶液（0.05 mol/L，1.0 mL），辅酶 II 溶液（0.025 mol/L，1.6 mL），肝 S-9 液 1.0 mL。

制法：用哺乳动物如成年健壮大鼠，经诱导剂（一般腹腔注射多氯联苯）处理，一周后杀死大鼠，取肝组织制备匀浆，9000 r/min 离心，上清液为 S-9 组分，与辅助成分以适当比例组成 S-9 混合液，用作试验中的代谢活化系统。以上成分提前配成贮备液，临用时混置冰浴中待用。

（二）常用染色液

1. 吕氏碱性亚甲蓝染色液

A 液：亚甲蓝 0.3 g，95% 乙醇溶液 30 mL。

B 液：KOH 0.01 g，蒸馏水 100 mL。

分别配制 A 液和 B 液，混合即可。

2. 草酸铵结晶紫染色液

A 液：结晶紫 2.5 g，95% 乙醇溶液 25 mL。

B 液：草酸铵 1.0 g，蒸馏水 1000 mL。

制备时，将结晶紫研细，加入 95% 乙醇溶液溶解，配成 A 液。将草酸铵溶于蒸馏水，配成 B 液。两液混合静止 48 h 后，过滤后使用。

3. 鲁格尔氏（路戈氏）碘液

碘 1.0 g，KI 2.0 g，蒸馏水 300 mL，先用 3～5 mL 蒸馏水溶解 KI，再加入碘片，稍加热溶解，加足水过滤后使用。

4. 沙黄（番红）染色液

2.5% 沙黄（番红）乙醇溶液：沙黄（番红）2.5 g，95% 乙醇溶液 100 mL。此母液存放于不透气的棕色瓶中，使用时取 20 mL 母液加 8 mL 蒸馏水使用。

5. 5% 孔雀绿溶液（芽孢染色用）

孔雀绿 5.0 g，蒸馏水 100 mL，先将孔雀绿放乳钵内研磨，加少许 95% 乙醇溶液溶解，再加蒸馏水。

6. 黑色素溶液（荚膜负染色用）

黑色素 10 g，蒸馏水 100 mL，40% 甲醛溶液（福尔马林）0.5 mL。将黑色素溶于蒸馏水中，煮沸 5 min，再加福尔马林作防腐剂，用玻璃棉过滤。

7. 硝酸银鞭毛染色液

A 液：单宁酸 5.0 g，$FeCl_3$ 1.5 g，15% 甲醛溶液 2.0 mL，1% NaOH 溶液 1.0 mL，

蒸馏水 100 mL。

B 液：$AgNO_3$ 2.0 g，蒸馏水 100 mL。

将 $AgNO_3$ 溶解后，取出 10 mL 备用，向其他的 90 mL $AgNO_3$ 溶液中加浓氢氧化铵，则形成很厚的沉淀，再继续滴加氢氧化铵到刚刚溶解沉淀成为澄清溶液为止。再将备用的 $AgNO_3$ 溶液慢慢滴入，则出现薄雾，但轻轻摇动后，薄雾状的沉淀又消失，再滴入 $AgNO_3$ 溶液，直到摇动后，仍呈现轻微而稳定的薄雾状沉淀为止。如雾重，则银盐沉淀析出，不宜使用。

8. 改良利夫森（Leifson's）鞭毛染色液

A 液：20% 单宁酸（鞣酸）2.0 mL。

B 液：饱和钾明矾液（20%）2.0 mL。

C 液：5% 石炭酸 2.0 mL。

D 液：碱性复红乙醇（95%）饱和液 1.5 mL。

将以上各液于染色前 1～3 d，按 B 液加到 A 液中，C 液加到 A、B 混合液中，D 液加到 A、B、C 混合液中的顺序，混合均匀后立刻过滤 15～20 次，2～3 d 内使用效果较好。

9. 0.1% 亚甲蓝染色液

0.1 g 亚甲蓝溶解于 100 mL 蒸馏水中。

10. 石炭酸复红染色液

A 液：碱性复红 0.3 g，95% 乙醇溶液 10 mL。

B 液：石炭酸（苯酚）5 g，蒸馏水 95 mL。

先将染料溶解于乙醇溶液，将苯酚溶于水，A、B 两液混合即可。

11. 乳酸石炭酸棉蓝染色液

石炭酸（苯酚）10 g，乳酸（相对密度 1.21）10 mL，甘油 20 mL，棉蓝（苯胺蓝）0.21 g，蒸馏水 10 mL。

将石炭酸加入蒸馏水中，加热溶解，再加入乳酸和甘油，最后加棉蓝。

12. 脱色液

95% 乙醇或丙酮乙醇溶液（95% 乙醇溶液 70 mL，丙酮 30 mL）。

13. 瑞氏染色液

瑞氏染料粉末 0.3 g，甘油 3 mL，甲醇 97 mL。将染料放乳钵内研磨，先加甘油，后加甲醇，过夜后过滤即可。

（三）常用缓冲液

1. pH 7.0 磷酸盐缓冲液（PBS）（20℃，pH 7.0～7.1）

A 液：KH_2PO_4 34.0 g，蒸馏水 1000 mL。

B 液：K_2HPO_4 43.6 g，蒸馏水 1000 mL。

A 液 2 份和 B 液 3 份混合即可。

2. 0.2mol/L 乙酸缓冲液（pH 7.0）

A 液：乙酸 34.0 mL，蒸馏水 1000 mL。

B 液：乙酸钠 43.6 g，蒸馏水 1000 mL。

A 液 72 mL，B 液 28 mL，NaCl 10.58 g，配制完毕测定 pH，121℃高压蒸汽灭菌 30 min 后备用。

3. 明胶磷酸盐缓冲液

成分：明胶 2 g，Na_2HPO_4 4 g，蒸馏水 1000 mL，pH 6.2。

制法：加热溶解，校正 pH，121℃高压蒸汽灭菌 15 min。

4. 包被缓冲液（pH 9.6 碳酸盐缓冲液）的制备

Na_2CO_3 1.59 g，$NaHCO_3$ 2.93 g，加蒸馏水至 1000 mL。也可用 pH 9.6 的磷酸盐缓冲液代替。

5. 洗液（PBS-T）的制备

PBS 加 0.05%（V/V）吐温 -20。

6. 抗体稀释液的制备

BSA 1.0 g 加 PBS-T 至 1000 mL；封闭液的制备同抗体稀释液。

7. 底物缓冲液的制备

A 液（0.1 mol/L 柠檬酸溶液）：柠檬酸（$C_6H_8O_7 \cdot H_2O$）21.01 g，加蒸馏水至 1000 mL。

B 液（0.2 mol/L Na_2HPO_4 溶液）：$Na_2HPO_4 \cdot 12H_2O$ 71.6 g，加蒸馏水至 1000 mL。

使用前按 A 液：B 液：蒸馏水 =24.3：25.7：50 的比例（体积比）配制。